中国教育发展战略学会
人工智能与机器人教育专业委员会
规划丛书

Python 与 AI 编程
（下）

施 彦 编著

中学版

北京邮电大学出版社
www.buptpress.com

图书在版编目（CIP）数据

Python 与 AI 编程 . 下 / 施彦编著 . –– 北京 : 北京邮电大学出版社 , 2020.8

ISBN 978-7-5635-6141-4

Ⅰ . ① P… Ⅱ . ①施… Ⅲ . ①人工智能－程序设计 Ⅳ . ① TP311.561 ② TP18

中国版本图书馆 CIP 数据核字 (2020) 第 135167 号

书　　　名：Python 与 AI 编程（下）

编 著 者：施 彦

责任编辑：孙宏颖

出版发行：北京邮电大学出版社

社　　　址：北京市海淀区西土城路 10 号（100876）

发 行 部：电话：010-62282185　传真：010-62283578

E-mail：publish@bupt.edu.cn

经　　　销：各地新华书店

印　　　刷：北京玺诚印务有限公司

开　　　本：787 mm × 1 092 mm　1/16

印　　　张：8.25

字　　　数：130 千字

版　　　次：2020 年 8 月第 1 版　2020 年 8 月第 1 次印刷

ISBN 978-7-5635-6141-4　　　　　　　　　　　　　　定价：39.00 元

· 如有印装质量问题，请与北京邮电大学出版社发行部联系 ·

"中学人工智能系列教材" 编委会

主　编：韩力群

编　委：（按拼音字母顺序排列）

毕长剑　陈殿生　崔天时　段星光　侯增广

季林红　李　擎　潘　峰　乔　红　施　彦

宋　锐　苏剑波　孙富春　王滨生　王国胤

于乃功　张　力　张文增　张阳新　赵姝颖

"中学人工智能系列教材"序

1956 年的夏天，一群年轻的科学家聚集在美国一个名叫汉诺佛的小镇上，讨论着对于当时的世人而言完全陌生的话题。从此，一个崭新的学科 —— 人工智能，异军突起，开启了她曲折传奇的漫漫征程……

2016 年的春天，一个名为 AlphaGo(阿尔法围棋) 的智能软件与世界顶级围棋高手的人机对决，再次将人工智能推到了世界舞台的聚光灯下。六十载沧桑砥砺，一甲子春华秋实。蓦然回首，人工智能学科已经长成一棵枝繁叶茂的参天大树，人工智能技术不断取得令人叹为观止的进步，正在对世界经济、人类生活和社会进步产生极其深刻的影响，人工智能历史性地进入了全球爆发的前夜。人工智能正在进入技术创新和大规模应用的高潮期、智能企业的开创期和智能产业的形成期，人类正在进入智能化时代！

2017 年 7 月，国务院颁发了《新一代人工智能发展规划》(以下简称《规划》)。《规划》提出 : 到 2030 年，我国人工智能理论、技术与应用总体达到世界领先水平，成为世界主要人工智能创新中心。为按期完成这一宏伟目标，人才培养是重中之重。对此《规划》明确指出 : 应逐步开展全民智能教育项目，在中小学阶段设置人工智能相关课程，逐步推广编程教育。

人工智能的算法需要通过编程来实现，而人工智能的优势最适于用智能机器人来展现，三者的关系密不可分。因此，本套" 中学人工智能系列教材 "由《人工智能》(上下册)、《Python 与 AI 编程》(上下册) 和《智能机器人》(上下册) 三部分组成。

学习人工智能需要有一定的高等数学和计算机科学知识，学习机器人技术也同样需要有足够的数学、控制、机电等领域的知识。显然，所有这些知识内容都远远超出中小学生 (即使是高中生) 的认知能力。过早地将多学科、多领域交叉的高层次知识呈现在基础知识远不完备的中学生面前，试图用学生听不懂的术语解释陌生的技术原理，这样的学习是很难取得效果的。因此，如何设计中小学人工智能教材的教学内容？如何定位该课程的教学目标？这是在中小学阶段设置人工智能相关课程必须解决的共性问题，需要从事人工智能教学与科研的相关组织进行深入研究并给出可行的解决方案。

我们认为，相比于向学生传授人工智能知识和技术本身，应该更注重加深学生对人工智能各个方面的了解和体验，让学生学习和理解重要的人工智能基本概念，熟悉人工智能编程语言，了解人工智能的最佳载体——机器人。因此，本套丛书中的《人工智能》（上下册）重点阐述AI的基本概念、基本知识和应用场景；《Python与AI编程》（上下册）讲解Python编程基础和人工智能算法的编程案例；《智能机器人》（上下册）论述智能机器人系统的构成和各构成模块所涉及的知识。这几本书相辅相成，共同构成中学人工智能课程的学习内容。

本系列教材的定位为：以培养学生智能化时代的思维方式、科技视野、创新意识和科技人文素养为宗旨的科技素质教育读本。本系列教材的教学目标与特色如下。

1. 使学生理解人工智能是用人工的方法使人造系统呈现某种智能，从而使人类制造的工具用起来更省力、省时和省心。智能化是信息化发展的必然趋势！

2. 使学生理解人工智能的基本概念和解决问题的基本思路。本系列教材注意用通俗易懂的语言、中学相关课程的知识和日常生活经验来解释人工智能中涉及的相关道理，而不是试图用数学、控制、机电等领域的知识讲解相关算法或技术原理。

3. 培养学生对人工智能的正确认知，帮助学生了解AI技术的应用场景，体验AI技术给人带来的获得感，使学生消除对AI技术的陌生感和畏惧感，做人工智能时代的主人。

韩力群

目　录

第六章

机器觉醒
——AI 初探

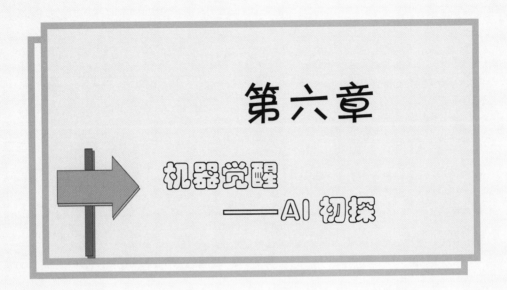

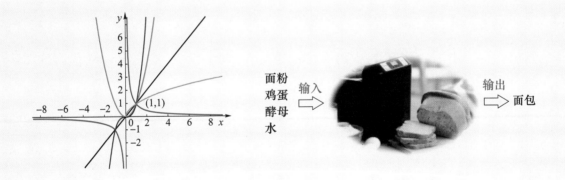

面粉
鸡蛋   输入   输出
酵母   面包
水

关于智能的对话

什么是人工智能（Artificial Intelligence）？一个机器人如何拥有智能？我们先来看一段机器人小 I 与人类专家的对话。

机器人与人类的一段对话

机器人小 I　　　　　　　　　　人工智能之父——图灵

机器人："我想……像人类一样。"

机器人："我想听到。"

人类："帮你设计一个麦克风接收声波。"

机器人："我想看到。"

人类："帮你设计一个摄像头采集图像。"

机器人："我想闻到。"

人类："帮你设计一个电子鼻（交叉敏感的各种物理化学传感器阵列，气味分子来了就有变化）。"

机器人："我想触摸的时候能感受到。"

人类："帮你设计一个触觉传感器（压力来了能发生改变的元器件）。"

机器人："我想运动。"

人类："像变形金刚一样，用各种机械零件构成身体的各个部分，通过马达（电机）控制它们的运动。"

机器人："我想尝尝这些是什么味道。"

人类："帮你设计一个电子舌（味觉传感器阵列，不同的溶液会引起不同的变化）。"

机器人与人类的一段对话（续1）

机器人："这样我看起来好像还是个任人指挥的机器。我想自己思考。"

人类："给你设计一个人工大脑。"

机器人："是那些黏糊糊的像果冻一样的东西吗？"

人类："不不不，这个还要等一等。"

人类："我们知道人的大脑是由若干个神经元相互连接而成的，每个神经元都可以接收生物电并产生脉冲输出。"

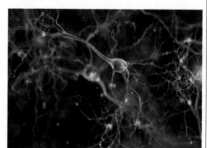

人类："我们试图从结构上进行模拟，如用若干个微小的计算单元连接而成。"

人类："这些计算单元可以是以硅晶体为代表的物理模型或者以函数为代表的数学模型，将来可能出现生物模型，目前计算机CPU中使用数学模型。"

机器人："这些计算单元是随便连接的吗？我的脑袋会乱掉吗？"

人类："如果不加以学习，当然是一片混乱。"

机器人："请问应该怎么学习？学习什么内容？"

人类："不同的连接方式和连接强度会使结构不同，可以处理不同的问题。"

机器人："为什么呢？"

人类："举个简单的例子，如果一个神经元的输入输出函数是$y=2x$，对于与之相连的神经元，当你输入1时，就会得到2。系数2就是连接强度。"

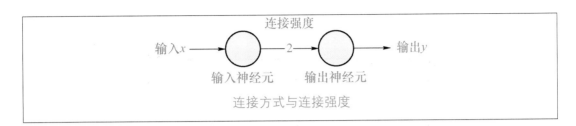

连接方式与连接强度

机器人与人类的一段对话（续2）

机器人："能否解释一下什么是学习？"

人类："学习就是改变大脑回路神经元的连接方式，当有外界刺激时，大脑会做出相应的反应。学习就是改变这些人工神经元之间的连接方式和连接强度。"

机器人："请问怎么学习呢？"

人类："这就需要训练了，就像训练小孩子一样，不断地给他看重复的内容，告诉他这是树，这是花，这是小狗，他慢慢地就记住了，也就是在大脑中形成某种判断方式，这是有教师的学习（监督学习）。"

机器人："要是没人教也可以学习吗？"

人类："也可以，比如给你石头、沙子、液体等不同类型的物体，通过触觉的不同感受你会比较出它们的不同，实际上就是在做出判断——它们的哪些地方是不同的，哪些地方是相似的，这称为无监督学习。"

这时候连接主义者站出来说："以上就是我们连接主义者构建大脑的方式，即模拟神经元的连接，我们的代表作是人工神经网络，我们曾备受赞誉，然而也曾经备受冷落，现在深度学习算法让我们重新受到青睐，我们擅长图像识别、语音识别，AlphaGo也是基于深度神经网络的。"

机器人："你很厉害！如果我需要在大自然中自由行走，依靠神经网络也可以吗？"

这时候没等连接主义者开腔，行为主义者就站出来说："这可是我的长项，我们构建智能的原则是感知－行动原则，机器人的运动系统是依据我们的原理来控制的。"

目前备受冷落的符号主义者说："但是这些都无法实现逻辑推理，逻辑推理可是我们的长项，只可惜这一部分太难了，目前发展受到了限制。"

机器人与人类的对话暂告一个段落。

1. AI 的定义

人类和动物拥有的智能称为自然智能。AI 即以计算机的方式来实现自然智能。

AI 的目的之一是完成类似于人类智能的工作，例如，听懂人说话，会聊天（语音识别），能识别出不同的物品（图像识别），能读懂书（自然语言理解），会做决策（会下棋，规划最佳旅行路线，推荐人们喜欢的新闻），可以协作（海上无人搜救），可以不断地增强学习能力、进化，等等。

2. 目前 AI 实现的不同机制和局限

1956 年，John McCarth 在达特茅斯会议上提出"人工智能就是要让机器的行为看起来像人所表现出的智能行为一样"。在怎么实现人工智能的问题上，科学家们从不同的角度，针对不同的问题，形成了人工智能三大主义。

① 符号主义 (symbolicism) 又称为逻辑主义 (logicism)、心理学派 (psychologism) 或计算机学派 (computerism)，它模仿人类基于常识和定理来进行决策推理的过程。它的原理主要为物理符号系统（即符号操作系统）假设和有限合理性原理，主要应用于专家系统、语义网、知识图谱。

② 连接主义 (connectionism) 又称为仿生学派 (bionicsism) 或生理学派 (physiologism)，它通过模仿大脑的结构来实现，主要为神经网络及神经网络间的连接机制与学习算法，目前应用于图像识别、自然语言理解、语音识别、棋类游戏等。

③ 行为主义 (actionism) 又称为进化主义 (evolutionism) 或控制论学派 (cyberneticsism)，它主要模仿生物体与环境发生感知交互的过程，认为智能就是"感知 – 动作"，即感知外界环境并反馈正确的动作。它的原理为控制论及

感知 – 动作型控制系统，主要应用于智能控制和智能机器人。

　　AI 可以完成限定场景的特定问题，如下棋、打球、算术、绘画、做饭、聊天、医疗诊断、自动驾驶。即便 AI 在同一个机器上集成所有功能，在每一个特定问题上都表现优异，但是它并非像人一样是完全的智能体，仍无法解决所处生存环境中的所有问题。未来 AI 研究的方向之一是将不同的机制进行融合或者构建新的机制，使之形成更加有机的整体。AI 潜在的应用场景如下。

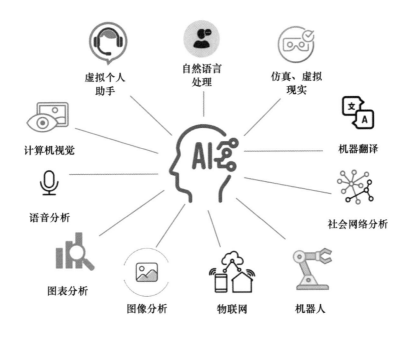

AI 的潜在应用

图片来源：https://dashtechinc.com/

以计算机为核心的AI实现方式及信息处理

目前人工智能的实现主要以计算机为核心，通过构建算法模型、编制程序来模拟人类对外部信息的处理。

▶ 计算机 AI 系统的基本组成

计算机是目前最不知疲倦、具有计算能力的载体。计算机中有 CPU（中央处理器），可以处理各种复杂的运算，CPU 类似于生物的大脑（智能的产生处）；计算机中有各种存储单元，这相当于人类的记忆；计算机中还有感应和接收外界信号的外部设备——传感器，如听觉传感器（麦克风接收声音）、视觉传感器（摄像头采集图像）、味觉传感器（电子舌）、嗅觉传感器（电子鼻）、触觉传感器（电子皮肤）以及其他传感器（温度传感器、湿度传感器等）。

AI 系统一般包括模型、软件、硬件、编程语言，通过它们来实现各种智能任务，如图像识别、语音识别、自然语言理解等，如下图所示。

在计算机实现 AI 的过程中，信息的表达和处理是其中的重要环节。真实世界通过数字化的表征进入计算机，经过计算机程序所实现的模型进行处理后，向真实世界反馈结果，实现智能任务。下面将以编程语言 Python 为例，展示信息的数字化表征以及后续的处理方式。

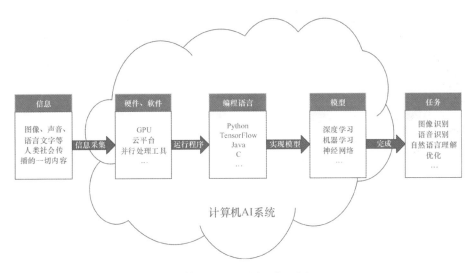

计算机 AI 系统组成示例

▶▶ 数字化表征与维度

1. 数字化表征

当我们将客观世界映射到计算机中时，需要对客观世界的人和物进行描述，通常会抽取事物（人、物品等）的多个特征、指标来进行刻画，示例如下。

- 天气：温度、湿度、风力等。
- 学生信息：性别、年龄、班级等。
- 健康情况：身高、体重、血压、血糖等。
- 果蔬营养成分：微量元素、碳水化合物、蛋白质等。
- 显示器：大小、分辨率等。

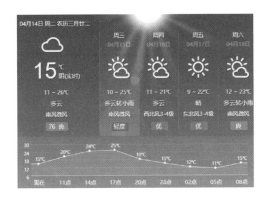
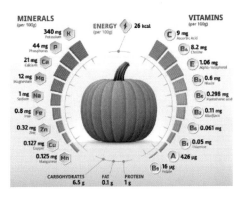

同样，在计算机的虚拟世界中，如电子游戏所建立的玩家、装备、场景也都是用各种特征来进行描述的。例如：

 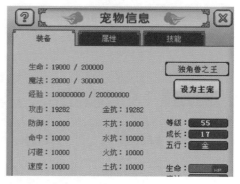

甚至人类也试图将我们的整个世界进行数字化，构建数字孪生世界：

图片来源：http://www.prcfe.com/finance/2019/0322/343514.html

2. 数据的维度与存储维度

在数字世界中，每一个实体对象（人、物、场景等）都用多个属性来描述，在计算机世界中都作为数据进行存储，数据的维度与其属性特征对应。例如，表征"实体"采用的属性个数决定了数据的维度，以"天气"实体为例，如表6-1所示。

表6-1 "天气"数据的维度

实　体	用于表征实体的属性	数据的维度
天气	温度	一维
天气	温度、湿度	二维
天气	温度、湿度、风力	三维
天气	温度、湿度、风力、气压、风向等	高维

不管是一维数据还是高维数据，都需要在计算机中进行存储，存储的形式和数据的维度有关，但并非一一对应，一维数据可以存储为高维的形式，而高维数据也可以存储为一维的形式。数据的存储形式就是计算机中数据的组织形式，采用合适的组织形式有助于表征原有数据之间的内在联系，不同的编程语言采用不同的数据类型来存储数据，并基于此进行后续的信息处理。下面以"天气"对象为例简要说明数据的存储维度。

如果仅用温度表示"天气"情况，则数据的维度为一维，但数据的组织形式可以有多种，例如，需要存储近十年的温度数据（取每天的平均气温），不同的存储维度如下。

- 一维存储（将所有数据排成一行，即顺序存储）：

第1年第1天温度数据 … 第1年第365天温度数据 … 第10年第1天温度数据 … 第10年第365天温度数据

- 二维存储（将每年的数据排成一行，即按年顺序存储）：

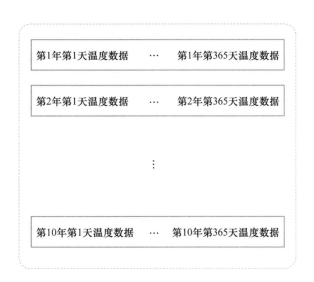

- 三维存储（将每月的数据排成一行，每年的数据按月存储为二维数据，存储多年的数据即三维存储）：

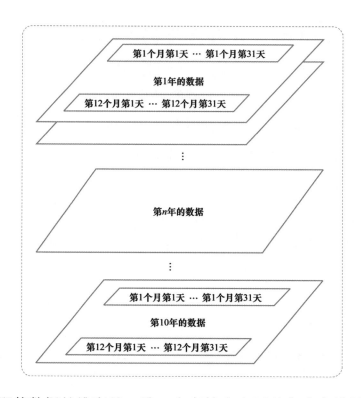

因此，即使数据的维度是一维，在存储中也可以存成多维的形式。同样，高维数据也可以存储为低维形式，例如一个黑白图像，本身是一个矩阵（可理解为二维表格），自然的存储方式是按照二维进行存储，也可以依照一维存储方式把所有的数字排成一行进行存储。

例如，在著名的手写体数字识别数据集 mnist 中，每张图片都有 $28 \times 28 = 784$ 像素，每个像素都是从 0（黑）到 255（白）的亮度值，如下图所示。

将这个数组展开成一个向量（例如按行展开，排成一行），长度是 $28 \times 28 = 784$。展平图片的数字数组会丢失图片的二维结构信息，从 AI 识别的角度看不够理想，优秀的计算机视觉方法会挖掘并利用这些结构信息。

在这个例子中，每一个手写体数字都用 784 个点来表示，数据的维度是 784，这是一个高维数据。从存储角度来看，如果存成二维数组形式，则存储结构为二维；若存成一个向量形式，则存储结构为一维。对于计算机程序处理来说，主要关注的是根据存储维度来选择合适的数据类型，从人工智能识别任务的角度来看，更注重数据本身的维度信息和结构信息。在本书后续利用 Python 进行数据处理时，所涉及的维度主要指存储维度。

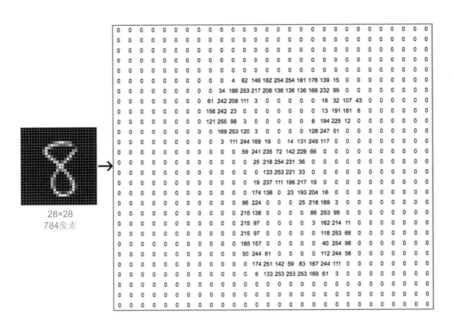

手写体数字 8 的像素信息

图片来源：https://ml4a.github.io/ml4a/cn/neural_networks/

▶▶ 基于 Python 的数据处理流程

一个完整的数据操作周期不仅包含数据的存储，还有数据的表示和操作。其中，存储是数据在文件、数据库等中的表现形式；表示是数据在程序中的表现形式；操作是数据存储形式和表现形式之间的转换和处理。当需要对数据进行操作时，计算机编程语言需要采用合适的数据类型对数据进行表示，相应的各种操作（运算、函数）都是根据数据类型来进行的，操作之后的结果通常也需要存入某种数据类型变量中，根据需要再进行存储。因此一个数据的操作周期包括存储、表示和操作，如下图所示。

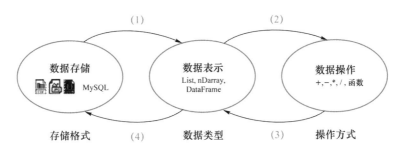

数据的操作周期

具体如下。

（1）读操作

- 与存储数据产生关联：与文件或数据库中存储的数据连接（文件打开、数据库链接）。
- 数据读入和表示：进行读操作，将读入的数据存储到某数据类型的变量中。

（2）数据的操作

采用各种基本运算或者函数、方法对变量进行操作。

（3）操作结果返回

将操作结果存入变量。

（4）数据的写入

- 写入数据：将变量中的数据写入文件。
- 断开与存储数据的连接：文件关闭，数据库链接断开。

针对不同存储维度的数据，Python 作为一种编程语言，有相应的数据类型进行表示和操作，具体如下。

- 一维数据：由对等关系的有序或无序数据构成，采用线性方式组织，可以采用基本数据类型列表（List）进行表示。
- 二维数据：由多个一维数据构成，是一维数据的组合形式，可以采用嵌套的列表进行表示。
- 多维数据：由一维或二维数据在新维度上扩展形成，可以用多维列表来表示。
- 高维数据：仅利用最基本的二元关系展示数据间的复杂结构，例如 json、yaml 格式的数据。

在进行数据分析时，为提高数据处理的速度，推荐使用 Python 的扩展数据分析模块 Numpy 和 Pandas。其中，最常用的是 Numpy 模块中的多维数组 nDarray 以及 Pandas 模块中的数据框 DataFrame。下图展示了如何利用 Pandas 模块从网络中的 iris.data 文件中读取数据并进行操作，该实例的完整版本见第七章。

在该实例中，首先给出数据文件的地址，可以是 url 地址，也可以是本地磁盘地址，然后通过相应的读取函数将数据从文件中读出，存入变量中，之后对变量进行一系列的操作。

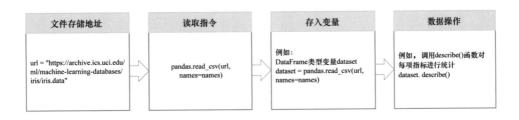

数据操作示例

基于数据的 AI 信息处理流程

目前，基于大数据的 AI 方兴未艾。在这一过程中在执行 AI 任务时，由于需要完成如分类、图像识别、语言理解、优化等工作，因此基于数据的一系列操作是按照某个模型算法的步骤执行的，基于数据的 AI 信息处理过程如下图所示。

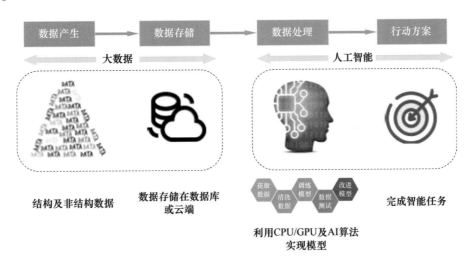

基于数据的 AI 信息处理过程

在后续的章节中，将介绍几种 AI 的模型以及基于 Python 的实现方法，包括机器学习、图像识别、语音识别和自然语言理解以及优化。这些 AI 任务都基本遵循这一信息处理过程。

本章小结

　　本章首先介绍了人工智能的一些基本内容，包括信息的输入、模型和学习等概念，进而介绍了 3 个人工智能流派、目前人工智能的局限性以及潜在应用，并对以计算机为核心的 AI 实现过程进行了描述，阐述了 AI 系统结构、数据维度、基于 Python 的数据处理方法以及基于数据的 AI 信息处理过程。本章可以帮助读者初步建立 AI 的信息处理框架，有助于读者理解后续章节中的具体应用实例。

本章习题

❯ 找一找生活中的人工智能。

❯ 说一说你对人工智能学习的理解。

❯ 说一说人工智能的局限性。

❯ 数据操作周期的主要步骤是什么？

❯ Python 的扩展数据模块有哪些？

❯ 请描述基于数据的 AI 信息处理过程。

第七章

智慧初现
——机器学习

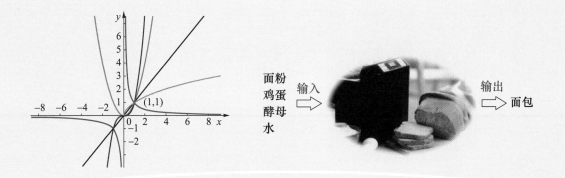

面粉
鸡蛋　输入
酵母
水

输出
面包

随着计算机的广泛使用，人们越来越容易获得大量数据，我们是否能够让AI从这些数据（比如天气情况、客户的消费选择、照片、文本）中提取一些有效的信息，进行天气预测，针对不同客户投放不同的广告，分析照片中人物的年龄，分析新闻、评论的正面性或负面性等？这些都需要AI能够从数据中进行学习，根据数据建立模型，从而找出事物内在可能存在的规律或者联系，对新的未知事物做出预测或者判别，这就是人工智能的分支之一，机器学习所研究的主要内容。本章将通过3个例子给出基于数据的机器学习的主要思路和程序流程，使读者能够初步掌握如何利用Python建立简单的机器学习模型，从而对未知情况做出预测或判别等。

第
一
节

Section 1

鸢尾花的识别

我们首先从一个简单而经典的例子开始学习——鸢尾花的识别。很多机器学习算法都采用这个例子进行测试，而且从中可以看到多种编程语言的实现。在这里我们也将完成第一个解决机器学习问题的Python程序。

一个事物之所以被归结为哪个类别，关键在于它和其他的事物有所区别，这个区别就是事物的特征，比如，一个人的身高、体重可以在一定程度上反映出他的体型，加上骨密度、体脂率、水分含量、代谢情况，可以反映出他的健康程度。这些指标就是事物的特征。人工智能的一个重要任务就是能够根据事物的特征对它们进行分类。同样，在鸢尾花种类的识别问题中，也需要提取特征。

▶ 鸢尾花识别问题描述

鸢尾花（Iris tectorum Maxim）又名蓝蝴蝶、紫蝴蝶、扁竹花等，属百合目。下图分别是自然界中的鸢尾花以及梵高和莫奈笔下的鸢尾花。

自然界中的鸢尾花   梵高笔下的鸢尾花   莫奈笔下的鸢尾花

鸢尾花

世界上的鸢尾花大约有 300 种，如何利用计算机对所发现的鸢尾花进行自动分类？下面我们先选择 3 种鸢尾花（山鸢尾、弗吉尼亚鸢尾、变色鸢尾）进行观察。

山鸢尾   维吉尼亚鸢尾   变色鸢尾

不同品种的鸢尾花

如果要对这些鸢尾花进行分类，首先观察以上 3 类鸢尾花的不同。我们可以发现，它们花萼和花瓣的形状有所不同，有的偏瘦长，有点偏短宽。因此，1936 年英国的统计学家和生物学家费希尔测量了鸢尾花花萼和花瓣的长度和宽度，创建了一个包含这 3 类鸢尾花的数据集，目前这个数据集包含 150 组数据，每种鸢尾花各有 50 组数据，鸢尾花分类已成为机器学习分类问题的标准入门内容之一。表 7-1 给出了其中 5 组数据。

表 7-1　5 组鸢尾花数据

花萼长度 /cm	花萼宽度 /cm	花瓣长度 /cm	花瓣宽度 /cm	品　　种	品种编号
6.4	2.8	5.6	2.2	virginica（弗吉尼亚鸢尾）	2
5.0	2.3	3.3	1.0	versicolor（变色鸢尾）	1
4.9	2.5	4.5	1.7	virginica（弗吉尼亚鸢尾）	2
4.9	3.1	1.5	0.1	setosa（山鸢尾）	0
5.7	3.8	1.7	0.3	setosa（山鸢尾）	0

从表 7-1 中我们可以看到鸢尾花的属性是数值型数据，简单易懂，便于计算机处理，并且在一个数量级上。鸢尾花分类问题是一个多分类问题，并且在数据集中已知输出，因此可以采用监督学习算法。

▶ 模型与学习算法的一些讨论

当给定了许多已知品种的鸢尾花数据之后，我们能够利用这些数据做什么？小 P 有些疑问，并和同学们一起进行了探讨。

小 P 问一问

问题 1：如果现在给我们一株新的鸢尾花，我们如何让机器（计算机）识别出这是哪个品种？

同学甲：我可以对比现有鸢尾花品种与这一株新的鸢尾花花萼和花瓣的数值，对比结果哪个接近就是该品种。

同学乙：同一品种的花也有一定差异，该和哪个进行比较呢？

同学丙：如果可以建立花萼和花瓣测量值与鸢尾花品种之间的关系，

就像刮大风意味着体感温度降低，是不是机器就可以进行自动判断了？

问题2：如何建立花萼和花瓣测量值与鸢尾花品种之间的关系？

同学甲：可以用函数来表示。

同学乙：采用什么函数呢？

我们把花萼和花瓣测量值与鸢尾花品种之间的这种关系称为模型。本书不会深入探讨具体模型的原理，读者能够初步使用函数建立模型这个概念就可以了，这在后面的语音和图像识别中同样适用。

对于计算机模型，每个模型都可以看成一个函数 $y=f(x,w)$，当给定某一个 x 时，就会输出一个 y，不同的 x 会得到不同的 y，模型的关键就是建立合适的 f 以及参数 w，使得对一个 x，能够得到符合预期的 y。

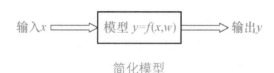

简化模型

在这个问题中，数据集既包含鸢尾花的特征，也包含鸢尾花的种类标签，此时就可以将足够多的具有代表性的样本数据送到模型中。

现在的问题是，如何进行参数的设计或者说参数的确定，这就是学习算法要解决的问题。这里先给出一种简单的调节方法，以帮助读者理解什么是学习算法。假定目前模型中只有一个参数 w，输入为 x，标签为 t，在当前输入下，模型的输出为 y，如果 y 和 t 不一样，存在一定误差，我们就开始调节 w，如果此时增加 w 使得这个误差加大，则我们朝 w 减小的方向进行调节，直到这个误差达到我们可以接受的范围。这是一种典型的监督学习算法，也就是我们知道标准是什么，模型参数的调整朝着使误差减少的方向进行，就可以达到一定的效果。这种调节参数的方法类似于我们下山，每一步都朝着山坡下降的方向就可以从山顶下来，但也有可能中间会遇到需要上坡的时候，因此这类方法也有较大的局限性，但是它确实是一种非常简单且易于操作的方法。

小 P 说一说

模型是真实世界的一种模拟。

给定一个输入，得到与真实世界相似的结果，这个模型不错！

模型一开始是个小婴儿，需要学习。

拿来一块儿水果糖，你说"水果糖"，它说"糖糖"，你会不断纠正它，直到它说对为止，这就是监督学习。

在不断的训练之下，模型小 M 终于从小婴儿长大了，成了一名小学生。

小 P 和 小 M

小 M：我的能力超强，输出结果正确率达到 90%，我很棒！

小 P：别急别急，我给你做个测试（在训练集之外找到 10 组数据）。

小 M：没问题，让我来预测一下（秒算给出结果）。

小 P：小 M，正确率只有 70%。

小 M：？？？

小 P：新给的数据和原数据相似但不同，你的举一反三能力（泛化能力）还不强啊！

小 M：这可怎么办？我已经很努力了！

小 P：方向不对，努力白费。我们在原有训练方法上加一个步骤，不同的模型和学习算法训练之后效果并不同，我们用一些新数据作检验，对训练数据和新数据预测能力都好的就留下来。

小 M：好，让我再来试一试，见多识广，百炼成钢。

在模型训练过程中，往往还需要引入校验数据（与训练数据同分布，但不是相同的数据），用来选择更好的参数或者模型。这类似于我们平时的学习过程，通过书本和练习册的练习题训练我们可以掌握相应的知识点，而单元测验题目可以检测我们的学习效果。这两部分的题目一般源于相同的知识点，而它们的具体题目内容可能不同。

训练集和校验集的数据源于同一个数据集合，即它们是同属于一个范围的数据，比如在数字的手写体识别中，有多个数字 0~9 的不同手写体，训练集中一般会包含 0~9，而校验集中也会包含或部分包含 0~9。如果训练集的数据只包含 0~5，训练效果可能不够好。

即使训练集都包含 0~9，不同模型的训练效果也各不相同。这如同有的同学擅长做小数运算，有的擅长做分数运算，有的擅长做几何图形运算。每个模型的结构都不同，就如同每个人的大脑结构都不同，故所擅长的领域就各不相同。训练模型的过程就是让模型尽可能地对训练数据具有较好的拟合能力，然而仅评估训练效果是不够的，需要用新的数据进行检测，这就是校验集的作用。训练就是构建一种模式，对计算机模型来说，实际上就是构建一个复杂的函数，找到一组合适的参数，让输入（手写体数字的图像或其特征值）经过函数的运算之后可以得到正确的输出（手写体数字的类别）。

在训练集中已知事物类别的问题被称为分类问题，此时相当于标准答案已知，训练的目的就是让模型的输出尽可能地接近标准答案。而另一类问题是不知道类别的答案，就像在大街上看到很多人，我们并不知道他们应该属于哪一类，这时可以通过他们内在特征的相似性，例如身高、肤色、头发长短，给他们划分到不同类别，或者根据共同的爱好（如下棋、唱歌、运动等）进行划分，划分为运动达人、围棋爱好者等。这种对事物类别的确定称为聚类。

还有一些问题，它们的输出不是类别，而是一个连续值，比如某一地区的房屋价格、某一地区的未来温度预报。进行预测时，往往要找到影响这些输出的因素，例如地区的位置，周边学校、医院，交通，周围人群组成等。这类问题称为预测。

无论是分类还是预测问题，如果训练数据中已知输入和输出，就可以采用有导师（监督）学习算法，如果是聚类问题，则采用无监督学习算法，对于含有缺失数据的训练问题，可以采用半监督学习算法。

基于数据的模型的目的是找到数据输入与输出之间的联系，或者输入数据之间的联系，对于前者，由于输出已知，模型参数的调节（学习算法）可以采用监督学习算法，对于不知道输出的问题，则可以采用无监督学习算法。学习算法就是找到一种规则来调节参数，使得模型在给定输入的时候能够得到理想的输出结果。

在鸢尾花识别这个问题中，由于数据集中的标签已知，因此可以采用监督学习算法。

➤ 鸢尾花识别问题 Python 程序的流程和准备

1. 解决问题的通用步骤

在用 Python 解决分类等机器学习问题时，有一些通用的步骤，包括：

① 定义问题；

② 准备数据；

③ 评价算法；

④ 改进结果；

⑤ 展示结果。

2. 程序准备

在 Python 中，需要安装的模块包有 Scipy、numpy、matplotlib、pandas 和 sklearn。可以在 cmd 窗口采用 pip install 完成。

3. 鸢尾花识别问题 Python 编程的步骤

- 下载数据集。
- 对数据集进行统计分析。
- 可视化数据集。
- 评价算法。
- 做出预测。

➤ 鸢尾花识别问题的 Python 程序

这个程序大致分为准备阶段、数据导入阶段、数据分析和可视化阶段、建立模型阶段、训练模型阶段、选择模型阶段、预测阶段。该程序参考 https://machinelearningmastery.com/machine-learning-in-python-step-by-step/。

下面我们分别进行说明。

1. 准备与数据导入

```
----------------------part 1 准备工作 ----------------------
# 导入相应的库，包括相关数据统计库、画图库、机器学习库，如果没
有安装，可以采用pip install 进行安装
import pandas
from pandas.plotting import scatter_matrix
import matplotlib.pyplot as plt
from sklearn import model_selection
from sklearn.metrics import classification_report
from sklearn.metrics import confusion_matrix
from sklearn.metrics import accuracy_score
from sklearn.linear_model import LogisticRegression
from sklearn.tree import DecisionTreeClassifier
from sklearn.neighbors import KNeighborsClassifier
from sklearn.discriminant_analysis import
LinearDiscriminantAnalysis
from sklearn.naive_bayes import GaussianNB
from sklearn.svm import SVC
pandas.set option('display.max_column',10)
```

```
----------------part 2 下载数据或导入数据 --------------------

url = "https://archive.ics.uci.edu/ml/machine-
learning-databases/iris/iris.data"
names = ['sepal-length', 'sepal-width', 'petal-
length', 'petal-width', 'class']
dataset = pandas.read_csv(url, names=names)
```

```
>>> dataset
     sepal-length   sepal-width   petal-length   petal-width       class
0          5.1           3.5            1.4           0.2       Iris-setosa
1          4.9           3.0            1.4           0.2       Iris-setosa
2          4.7           3.2            1.3           0.2       Iris-setosa
3          4.6           3.1            1.5           0.2       Iris-setosa
4          5.0           3.6            1.4           0.2       Iris-setosa
5          5.4           3.9            1.7           0.4       Iris-setosa
6          4.6           3.4            1.4           0.3       Iris-setosa
7          5.0           3.4            1.5           0.2       Iris-setosa
8          4.4           2.9            1.4           0.2       Iris-setosa
9          4.9           3.1            1.5           0.1       Iris-setosa
10         5.4           3.7            1.5           0.2       Iris-setosa
11         4.8           3.4            1.6           0.2       Iris-setosa
12         4.8           3.0            1.4           0.1       Iris-setosa
13         4.3           3.0            1.1           0.1       Iris-setosa
14         5.8           4.0            1.2           0.2       Iris-setosa
15         5.7           4.4            1.5           0.4       Iris-setosa
16         5.4           3.9            1.3           0.4       Iris-setosa
17         5.1           3.5            1.4           0.3       Iris-setosa
18         5.7           3.8            1.7           0.3       Iris-setosa
19         5.1           3.8            1.5           0.3       Iris-setosa
20         5.4           3.4            1.7           0.2       Iris-setosa
21         5.1           3.7            1.5           0.4       Iris-setosa
22         4.6           3.6            1.0           0.2       Iris-setosa
23         5.1           3.3            1.7           0.5       Iris-setosa
24         4.8           3.4            1.9           0.2       Iris-setosa
25         5.0           3.0            1.6           0.2       Iris-setosa
26         5.0           3.4            1.6           0.4       Iris-setosa
27         5.2           3.5            1.5           0.2       Iris-setosa
28         5.2           3.4            1.4           0.2       Iris-setosa
29         4.7           3.2            1.6           0.2       Iris-setosa
..         ...           ...            ...           ...
120        6.9           3.2            5.7           2.3     Iris-virginica
121        5.6           2.8            4.9           2.0     Iris-virginica
```

也可以下载之后再进行导入，从 https://archive.ics.uci.edu/ml/machine-learning-databases/iris/iris.data 处下载数据文件，存入硬盘，在导入数据时将 url 换成相应的磁盘路径即可。

以上完成了最基本的工作，下面将对数据进行分析和可视化。

2. 数据分析和可视化

一般在获得数据之后，需要观察数据的分布情况，包括数据的维度、数据的范围、所有指标的统计情况、每种类别的数据量，这样可以建立全面的对数据的认识。

数据可视化

--------------------------part 3 数据分析 -------------------------

```
print(dataset.shape)  # 采用 shape 函数观察数据的维度
```

```
>>> print(dataset.shape)
(150, 5)
```

(150, 5) 表示这个数据集有 150 行、5 列。

```
print(dataset.head(20))# 采用 head() 函数获得前 20 行的数据
```

```
   sepal-length  sepal-width  petal-length  petal-width        class
0           5.1          3.5           1.4          0.2  Iris-setosa
1           4.9          3.0           1.4          0.2  Iris-setosa
2           4.7          3.2           1.3          0.2  Iris-setosa
3           4.6          3.1           1.5          0.2  Iris-setosa
4           5.0          3.6           1.4          0.2  Iris-setosa
5           5.4          3.9           1.7          0.4  Iris-setosa
6           4.6          3.4           1.4          0.3  Iris-setosa
7           5.0          3.4           1.5          0.2  Iris-setosa
8           4.4          2.9           1.4          0.2  Iris-setosa
9           4.9          3.1           1.5          0.1  Iris-setosa
10          5.4          3.7           1.5          0.2  Iris-setosa
11          4.8          3.4           1.6          0.2  Iris-setosa
12          4.8          3.0           1.4          0.1  Iris-setosa
13          4.3          3.0           1.1          0.1  Iris-setosa
14          5.8          4.0           1.2          0.2  Iris-setosa
15          5.7          4.4           1.5          0.4  Iris-setosa
16          5.4          3.9           1.3          0.4  Iris-setosa
17          5.1          3.5           1.4          0.3  Iris-setosa
18          5.7          3.8           1.7          0.3  Iris-setosa
19          5.1          3.8           1.5          0.3  Iris-setosa
```

```
print(dataset. describe())# 采用 describe() 函数对每项指
```
标进行统计

```
>>> print(dataset.describe())
       sepal-length  sepal-width  petal-length  petal-width
count    150.000000   150.000000    150.000000   150.000000
mean       5.843333     3.054000      3.758667     1.198667
std        0.828066     0.433594      1.764420     0.763161
min        4.300000     2.000000      1.000000     0.100000
25%        5.100000     2.800000      1.600000     0.300000
50%        5.800000     3.000000      4.350000     1.300000
75%        6.400000     3.300000      5.100000     1.800000
max        7.900000     4.400000      6.900000     2.500000
```

下面我们看一看每一类包含的数据量，采用 groupby() 函数，参数是需要统计的属性，例如第五列（class）。

```
>>> # class distribution
print(dataset.groupby('class').size())

class
Iris-setosa        50
Iris-versicolor    50
Iris-virginica     50
dtype: int64
```

可以看出每一类别都包含了 50 组数据。

------------------------part 4 数据可视化 ---------------------

对于单变量，可以采用箱形图更好地展示数据的分布情况，例如最大值、最小值、中位数、异常值等

```
# box and whisker plots
dataset.plot(kind='box', subplots=True, layout=(2,2),
sharex=False, sharey=False)
plt.show()
```

```
>>> dataset.plot(kind='box', subplots=True, layout=(2,2), sharex=False, sharey=False)
sepal-length        AxesSubplot(0.125, 0.53;0.352273x0.35)
sepal-width         AxesSubplot(0.547727, 0.53;0.352273x0.35)
petal-length        AxesSubplot(0.125, 0.11;0.352273x0.35)
petal-width         AxesSubplot(0.547727, 0.11;0.352273x0.35)
dtype: object
```

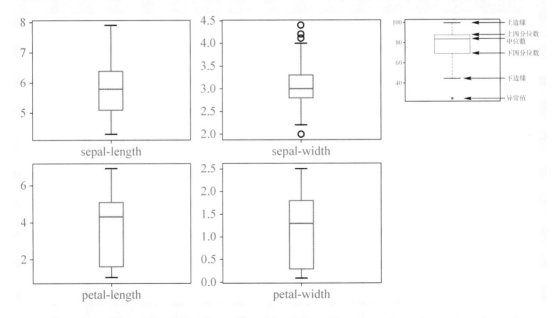

还可以使用柱状图 (histograms) 进行展示。

```
dataset.hist()

plt.show()
```

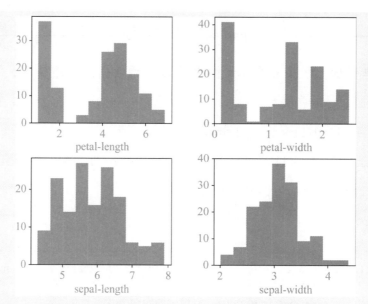

可以看出，sepal 的长度和宽度符合一定的高斯分布。

也可以观察不同变量之间是否具有相关性。

```
scatter_matrix(dataset)
plt.show()
```

如果散点在一条直线附近，可以认为它们存在较强的相关性，例如下图中圆圈标注的位置。

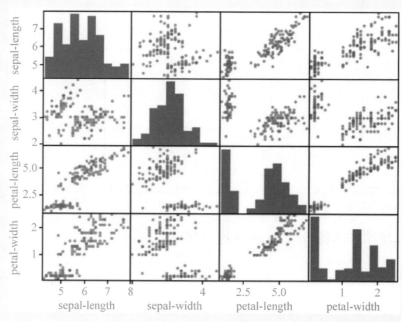

3. 建立模型、训练模型、选择模型与预测

人工智能的一个重要工作是建立模型，模型最基本的工作方式就是给定输入，能够得到正确的输出结果。建立模型的方法有很多，在人工智能领域，建立模型的方式是基于数据模型建立的，这也是机器学习的重要内容。基于数据的模型建立需要确定训练数据，选择模型的类型，通过学习算法确定模型的参数。同时，一般在建立或选择模型时还需要有一个校验集。

下面我们给出一个较为完整的建立模型的流程。

- 确定训练集和测试集。

- 用 n-fold 交叉验证来对模型的性能进行测试，这里选 n 为 10，即 10 个子集，每个子集均做一次测试集，其余的作为训练集。交叉验证重复 10 次，每次都选择一个子集作为测试集，并将 10 次的平均交叉验证识别正确率作为结果。

- 建立 m（这里 $m=5$）个模型并进行预测。

- 选择最好的模型。

----------------------part 5 数据集准备 ----------------------

```
# 划分数据集，确定训练集和测试集
array = dataset.values
X = array[:,0:4]
Y = array[:,4]
test_size = 0.20
seed = 7
X_train, X_test, Y_train, Y_test = model_selection.
train_test_split(X, Y, test_size=test_size, random_
state=seed)  # 所有数据中的 20% 作为测试集
```

------------------------part 6 建立模型并比较 --------------------

```
# 确定测试标准
seed = 7
scoring = 'accuracy'  # 使用精确度作为评价标准
```

这里测试 6 个模型的效果，最后选择效果最好的模型来进行预测，其中有两个线性模型（Logistic Regression,LR;Linear Discriminant Analysis,LDA）、4 个非线性模型（*K*-Nearest Neighbors, *KNN*; Classification and Regression Trees,CART;Gaussian Naive Bayes,GNB;Support Vector Machines,SVM)

将 6 个模型的名称存入 models 变量中

```
models = []
models.append(('LR', LogisticRegression()))
models.append(('LDA', LinearDiscriminantAnalysis()))
models.append(('KNN', KNeighborsClassifier()))
models.append(('CART', DecisionTreeClassifier()))
models.append(('NB', GaussianNB()))
models.append(('SVM', SVC()))
```

采用循环程序依次测试模型的性能，采用 10-fold 进行校验评分

```
results = []
names = []
for name, model in models:
kfold = model_selection.KFold(n_splits=10, random_
state=seed)
cv_results = model_selection.cross_val_score(model,
X_train, Y_train, cv=kfold, scoring=scoring)
results.append(cv_results)
names.append(name)
msg = "%s: %f (%f)" % (name, cv_results.mean(), cv_
results.std())
```

```
print(msg)
```

```
LR: 0.966667 (0.040825)
LDA: 0.975000 (0.038188)
KNN: 0.983333 (0.033333)
CART: 0.975000 (0.038188)
NB: 0.975000 (0.053359)
SVM: 0.991667 (0.025000)
```

从结果可以看出，通过 10 次实验结果的评估，*KNN* 的效果比较好。

画图比较各种算法

```
fig = plt.figure()
fig.suptitle('Algorithm Comparison')
ax = fig.add_subplot(111)
plt.boxplot(results)
ax.set_xticklabels(names)
plt.show()
```

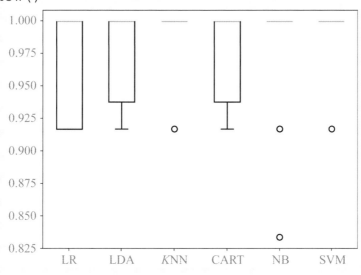

——————————————part 7 在测试集上做出预测——————————————

在测试集上做出预测，采用 knn 模型

```
knn = KNeighborsClassifier()
knn.fit(X_train, Y_train)  # 训练 knn
```

```
predictions = knn.predict(X_test)  # 输入 X_test，得到输出
print(accuracy_score(Y_test, predictions))  # 精确度
print(confusion_matrix(Y_test, predictions))
print(classification_report(Y_test, predictions))
```

```
>>> predictions = knn.predict(X_test)
>>> print(accuracy_score(Y_test, predictions))
0.9
>>> print(confusion_matrix(Y_test, predictions))
[[ 7  0  0]
 [ 0 11  1]
 [ 0  2  9]]
>>> print(classification_report(Y_test, predictions))
                 precision    recall  f1-score   support

    Iris-setosa       1.00      1.00      1.00         7
Iris-versicolor       0.85      0.92      0.88        12
 Iris-virginica       0.90      0.82      0.86        11

      micro avg       0.90      0.90      0.90        30
      macro avg       0.92      0.91      0.91        30
   weighted avg       0.90      0.90      0.90        30
```

线性回归问题

当我们在国外餐厅用餐时，经常需要给小费。下面是一个预测在餐厅用餐时给小费的例子，这个例子来自 seaborn 库。

这里采用线性回归方法，它是一个非常简单的监督学习算法，这个方法可处理具有线性关系的数据。假定我们有一组数据（x,y），它们具有线性关系（两个变量之间存在一次方函数关系），我们就可以采用线性回归模型 $y=kx+b$ 来进行预测。

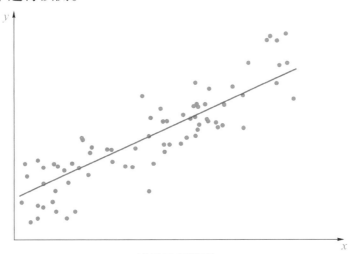

线性回归模型

y 是一个单变量，即小费值。小费的多少和什么有关呢？例如这一桌的人数、客人的性别、小费总额、是否吸烟、星期几、午餐还是晚餐等，我们假定是线性关系，即人数越多，小费越高，就可以采用线性回归模型来进行预测。如果对于一个问题，我们用线性模型得到的效果不太好，可以考虑采用非线性模型进行模拟。

下面给出建立模型并进行预测的步骤。

- 首先需要准备数据。
- 其次对数据进行预处理，例如，将一些文本量转成模型易处理的数字量，对缺失数据进行一定的处理。
- 再次对数据进行划分，一部分用于训练模型，另一部分用于校验选择模型（或者参数）。
- 最后使用建立好的模型对新的输入进行预测。

➤➤ 小费 (tips) 数据面面观

在进行建模之前，我们一般需要对数据有一些认识，比如，包含多少组数据，每项数据包括哪些指标，数据的存储类型是什么，这是一些通用的问题。针对具体的数据，例如小费数据，我们可以想到研究小费的目的是什么？如果是打零工，可以看看哪一天得到的小费多一些，某一天中服务哪种桌型或者顾客得到的小费可能会多一些。带着这些问题，我们在这一节中首先对数据进行一定的描述和分析，在下一节我们将介绍如何建立模型。

下面是数据分析部分的程序和说明。该程序参考 http://devarea.com/python-machine-learning-example-linear-regression/。

```
--------------------- part 1 准备工作 ---------------------
# 导入相应的库，如果没有安装，可以采用 pip install 进行安装
import matplotlib.pyplot as plt
import seaborn as sb
import pandas as pd
```

—————————— part 2 数据基本信息 ——————————

```
df=sb.load_dataset('tips')  #下载数据
df.head()  #前5项数据
df.info()#数据结构
df.sample(5)  #随机给出5组数据
df.describe()  #数据统计
```

—————————— part 3 数据分析 ——————————

```
#Tips数据分析，最累的一天，小费最多的情况（哪天，哪种顾客，哪种桌型）
#哪一天工作最累?  df
df.groupby('day').count()  #按day进行分组
#哪一天给的小费最多以及百分比最高?  df2
df2=df.groupby('day').sum()#用sum()函数计算每天小费的总和（df2是一个数据表）
df2.drop('size',inplace=True,axis=1)  #st去掉size项
df2['percent'] = df2['tip']/df2['total_bill']*100  #增加一列百分比数据（小费占总账单的百分比）
#哪种顾客给的小费最多?吸烟者还是非吸烟者?  df3
df3=df.groupby('smoker').sum()#用sum()函数计算不同顾客给的小费总和
df3['percent'] = df3['tip']/df3['total_bill']*100# 增加一列百分比数据
#哪一天哪种桌型给的小费最多或者比例最高?  df4
df4= df.groupby(['day','size']).sum()#按照每天每桌来进行小费总和统计
df4['percent'] = df4['tip']/df4['total_bill']*100# 增
```

加一列百分比数据

```
df4.dropna()  # 去除无数据的项
```

-------------------- part 4 数据可视化 --------------------

```
sb.countplot(x='day' ,data=df)  # 按天进行小费统计并画图
plt.show()
sb.countplot(x='day',hue='size',data=df)# 每天每种桌型的
小费统计
plt.show()
sb.countplot(x='day',hue='smoker',data=df)# 按顾客类型
给的小费统计
plt.show()
```

下面给出各部分的运行结果。

-------------------- part 2 数据基本信息 --------------------

```
df.head# 前 5 项数据
```

```
>>> df.head() #前五项数据
   total_bill   tip      sex smoker  day     time   size
0       16.99  1.01   Female     No  Sun   Dinner      2
1       10.34  1.66     Male     No  Sun   Dinner      3
2       21.01  3.50     Male     No  Sun   Dinner      3
3       23.68  3.31     Male     No  Sun   Dinner      2
4       24.59  3.61   Female     No  Sun   Dinner      4
```

```
df.info()# 数据结构
```

```
>>> df.info()#数据结构
<class 'pandas.core.frame.DataFrame'>
RangeIndex: 244 entries, 0 to 243
Data columns (total 7 columns):
total_bill    244 non-null float64
tip           244 non-null float64
sex           244 non-null category
smoker        244 non-null category
day           244 non-null category
time          244 non-null category
size          244 non-null int64
dtypes: category(4), float64(2), int64(1)
memory usage: 7.0 KB
```

数据类型、占用空间等

df.sample(5)# 随机给出 5 组数据

```
>>> df.sample(5)
     total_bill   tip    sex  smoker  day   time   size
85       34.83   5.17  Female     No  Thur  Lunch    4
194      16.58   4.00    Male    Yes  Thur  Lunch    2
212      48.33   9.00    Male     No   Sat Dinner    4
46       22.23   5.00    Male     No   Sun Dinner    2
227      20.45   3.00    Male     No   Sat Dinner    4
```

df.describe()# 数据统计

```
>>> df.describe()
        total_bill          tip        size
count   244.000000   244.000000  244.000000
mean     19.785943     2.998279    2.569672
std       8.902412     1.383638    0.951100
min       3.070000     1.000000    1.000000
25%      13.347500     2.000000    2.000000
50%      17.795000     2.900000    2.000000
75%      24.127500     3.562500    3.000000
max      50.810000    10.000000    6.000000
```

数据最大值、最
小值等

----------------- part 3 数据分析 运行结果 -------------------

#Tips 数据分析，最累的一天，小费最多的情况（哪天，哪种顾客，哪种桌型）

哪一天工作最累？ df

df.groupby('day').count() # 按 day 进行分组

```
>>> df.groupby('day').count()
     total_bill   tip  sex  smoker  time  size
day
Thur         62    62   62      62    62    62
Fri          19    19   19      19    19    19
Sat          87    87   87      87    87    87
Sun          76    76   76      76    76    76
```

Saturday
最辛苦

哪一天给的小费最多以及百分比最高？ df2

df2=df.groupby('day').sum()# 用 sum() 函数计算每天小费的总和（df2 是一个数据表）

```
>>> df2=df.groupby('day').sum()
>>> df2
        total_bill    tip    size
day
Thur     1096.33    171.83    152
Fri       325.88     51.96     40
Sat      1778.40    260.40    219
Sun      1627.16    247.39    216
```

Saturday
小费最多

df2.drop('size',inplace=True,axis=1) # st 去掉 size 项

```
>>> df2
        total_bill       tip
day
Thur     1096.33      171.83
Fri       325.88       51.96
Sat      1778.40      260.40
Sun      1627.16      247.39
```

df2['percent'] = df2['tip']/df2['total_bill']*100# 增加一列百分比数据（小费占总账单的百分比）

```
>>> df2
        total_bill     tip    size     percent
day
Thur     1096.33    171.83    152    15.673201
Fri       325.88     51.96     40    15.944519
Sat      1778.40    260.40    219    14.642375
Sun      1627.16    247.39    216    15.203791
```

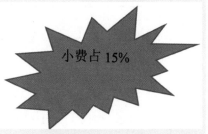

小费占15%

可以看到小费的比例占总账单的 15% 左右。

\# 哪种顾客给的小费最多？吸烟者还是非吸烟者？df3

df3=df.groupby('smoker').sum()# 用 sum() 函数计算不同顾客给的小费总和

```
>>> df3=df.groupby('smoker').sum()
>>> df3
        total_bill     tip    size
smoker
Yes      1930.34    279.81    224
No       2897.43    451.77    403
```

非吸烟者给的
小费更多

df3['percent'] = df3['tip']/df3['total_bill']*100# 增
加一列百分比数据

```
>>> df3['percent'] = df3['tip']/df3['total_bill']*100
>>> df3
        total_bill    tip   size    percent
smoker
Yes        1930.34  279.81   224  14.495374
No         2897.43  451.77   403  15.592094
```

# 哪一天哪种桌型给的小费最多或者比例最高？ df4
df4= df.groupby(['day','size']).sum()# 按照每天每桌来进
行小费总和统计

```
>>> df4= df.groupby(['day','size']).sum()
>>> df4
            total_bill      tip
day  size
Thur 1          10.07     1.83
     2         727.53   117.24
     3          76.64    10.77
     4         149.75    21.09
     5          41.19     5.00
     6          91.15    15.90
Fri  1           8.58     1.92
     2         261.15    42.31
     3          15.98     3.00
     4          40.17     4.73
     5            NaN      NaN
     6            NaN      NaN
Sat  1          10.32     2.00
     2         892.37   133.43
     3         459.17    68.36
     4         388.39    53.61
     5          28.15     3.00
     6            NaN      NaN
Sun  1            NaN      NaN
     2         684.84   109.86
     3         332.76    46.81
     4         480.39    73.58
     5          81.00    12.14
     6          48.17     5.00
```

df4['percent'] = df4['tip']/df4['total_bill']*100# 增
加一列百分比数据

df4.dropna() # 去除无数据的项

```
>>> df4['percent'] = df4['tip']/df4['total_bill']*100
>>> df4.dropna() # 去除无数据的项
            total_bill      tip    percent
day  size
Thur 1          10.07     1.83  18.172790
```

	2	727.53	117.24	16.114799
	3	76.64	10.77	14.052714
	4	149.75	21.09	14.083472
	5	41.19	5.00	12.138869
	6	91.15	15.90	17.443774
Fri	1	8.58	1.92	22.377622
	2	261.15	42.31	16.201417
	3	15.98	3.00	18.773467
	4	40.17	4.73	11.774956
Sat	1	10.32	2.00	19.379845
	2	892.37	133.43	14.952318
	3	459.17	68.36	14.887732
	4	388.39	53.61	13.803136
	5	28.15	3.00	10.657194
Sun	2	684.84	109.86	16.041703
	3	332.76	46.81	14.067196
	4	480.39	73.58	15.316722
	5	81.00	12.14	14.987654
	6	48.17	5.00	10.379905

服务更小的桌子会更好

从这些数据分析的过程中，大家是不是发现了一些有趣的结论？其实在许多成功的商业案例中，都有基于观察（长时间的大数据）所采取的更有效的决策，例如商店的选址、客户定向广告的投放、商店货架商品的陈列方式等。观察后进行分析，发掘数据背后的小秘密！如果觉得数据表格有一点枯燥，下面我们采用可视化工具对数据以图的形式进行展示，这样可以得到更直观的感受。

—————————————— part 4 数据可视化 运行结果 ——————————————

```
sb.countplot(x='day' ,data=df) # 按天进行小费统计并画图
plt.show()
```

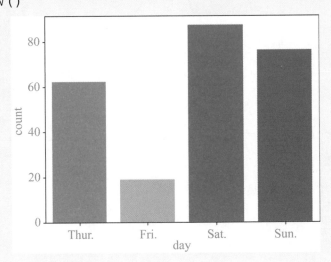

```
sb.countplot(x='day',hue='smoker' ,data=df)# 按顾客类型
```
给的小费统计
```
plt.show()
```

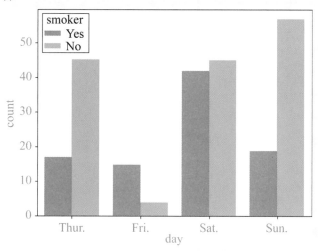

```
sb.countplot(x='day',hue='size' ,data=df)# 每天每种桌型
```
的小费统计
```
plt.show()
```

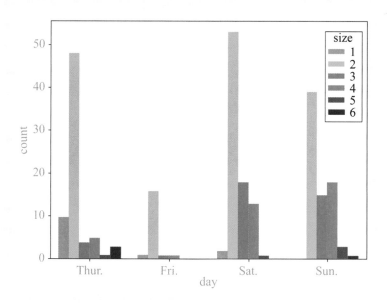

　　从图形上我们也可以很快地得出以上结论，非吸烟者和更小的桌型支付的小费更多。

▶▶ Tips 建立模型

上面已经通过数据分析得到了一些结论，下面我们将建立一个模型，预测某种桌型某类客户在某天支付的小费金额。在建立模型之前，需要对数据进行一定的处理。在这个例子中，许多数据是文本数据，因此我们需要将其转换为数值型数据，例如男性为 0，女性为 1，非吸烟者为 0，吸烟者为 1，周四到周日分别为 1，2，3，4。

---------------------part 5 数据预处理 ---------------------

\# 数据转换，使用 update 语句、replace 方法，遍历所有的行和列，使用 dummy 变量（离散特征编码）

\# 将 sex 和 smoker 进行替换，男性为 0，女性为 1，非吸烟者为 0，吸烟者为 1

```
df.replace({ 'sex': {'Male':0 , 'Female':1} ,
'smoker' : {'No': 0 , 'Yes': 1}} ,inplace=True)
df.head()
```

```
>>> df.replace({ 'sex': {'Male':0, 'Female':1} , 'smoker'
: {'No': 0 , 'Yes': 1}} ,inplace=True)
>>> df.head()
   total_bill   tip  sex  smoker  day    time  size
0       16.99  1.01    1       0  Sun  Dinner     2
1       10.34  1.66    0       0  Sun  Dinner     3
2       21.01  3.50    0       0  Sun  Dinner     3
3       23.68  3.31    0       0  Sun  Dinner     2
4       24.59  3.61    1       0  Sun  Dinner     4
```

\# 再将星期几进行离散化，例如有 4 天，就用 4 位离散数据来表示，第一位为 1 就表示属于这一类，因此周四到周日分别为 1000，0100，0010，0001

```
days=pd.get_dummies(df['day'])
days.sample(5)
```

```
>>> days=pd.get_dummies(df['day'])
>>> days.sample(5)
       Thur   Fri   Sat   Sun
147     1     0     0     0
220     0     1     0     0
97      0     1     0     0
174     0     0     0     1
157     0     0     0     1
```

数据清洗：如果想删除某些数据，例如某一天或者某种桌型的数据，可以采用 drop() 函数

```
days=pd.get_dummies(df['day'],drop_first=True)
```

```
days.sample(6)
```

```
>>> days=pd.get_dummies(df['day'],drop_first=True)
>>> days.sample(6)
       Fri   Sat   Sun
24      0     1     0
173     0     0     1
170     0     1     0
184     0     0     1
146     0     0     0
138     0     0     0
```

可以增加原有数据集的项数，利用 concat() 函数完成数据集的合并，其中参数 axis=1 表明在横轴方向增加数据，即增加列

```
days=pd.get_dummies(df['day'],drop_first=True)
```

```
df = pd.concat([df,days],axis=1)
```

```
>>> df.head()
   total_bill   tip   sex   smoker   day    time    ...   Fri   Sat   Sun   Fri   Sat   Sun
0      16.99   1.01    1      0      Sun   Dinner ...    0     0     1     0     0     1
1      10.34   1.66    0      0      Sun   Dinner ...    0     0     1     0     0     1
2      21.01   3.50    0      0      Sun   Dinner ...    0     0     1     0     0     1
3      23.68   3.31    0      0      Sun   Dinner ...    0     0     1     0     0     1
4      24.59   3.61    1      0      Sun   Dinner ...    0     0     1     0     0     1
```

```
times=pd.get_dummies(df['time'],drop_first=True)  # 将时
```
间项进行离散化

```
df = pd.concat([df,times],axis=1)
```

```
>>> df.head()
   total_bill   tip   sex   smoker   day   ...   Sun   Fri   Sat   Sun   Dinner
0      16.99   1.01    1      0      Sun  ...    1     0     0     1     1
1      10.34   1.66    0      0      Sun  ...    1     0     0     1     1
2      21.01   3.50    0      0      Sun  ...    1     0     0     1     1
3      23.68   3.31    0      0      Sun  ...    1     0     0     1     1
4      24.59   3.61    1      0      Sun  ...    1     0     0     1     1
```

```
df.drop(['day','time'],inplace=True,axis=1)  # 将原有的
```
day 和 time 项删除
```
df.head()
```

```
>>> df.head()
   total_bill   tip  sex  smoker  size  Fri  Sat  Sun  Dinner
0       16.99  1.01    1       0     2    0    0    1       1
1       10.34  1.66    0       0     3    0    0    1       1
2       21.01  3.50    0       0     3    0    0    1       1
3       23.68  3.31    0       0     2    0    0    1       1
4       24.59  3.61    1       0     4    0    0    1       1
```

此时我们将原来的数据集 df 完全转换成纯数值型的数据表，便于后面进行建模

在对数据进行预处理之后，我们就可以建立模型并进行训练和预测了。在这里，我们只采用线性回归模型，数据集被分成训练集和测试集，这里没有采用校验集选择模型或者选择参数。

--------------------part 6 建立模型和预测 --------------------

```
# 确定输入特征向量 X 和输出特征向量 Y
X = df[['sex','smoker','size','Fri','Sat','Sun',
'Dinner']]
Y = df[['tip']]
```

```
>>> X = df[['sex','smoker','size','Fri','Sat','Sun','Dinner']]
>>> X.head()
   sex  smoker  size  Fri  Sat  Sun  Dinner
0    1       0     2    0    0    1       1
1    0       0     3    0    0    1       1
2    0       0     3    0    0    1       1
3    0       0     2    0    0    1       1
4    1       0     4    0    0    1       1
>>> Y = df[['tip']]
>>> Y.head()
    tip
0  1.01
1  1.66
2  3.50
3  3.31
4  3.61
```

```
# 数据集分配，将数据集分为训练集和预测集，调用 train_test_
```

split（）函数，通过参数 test_size 进行控制，0.25 代表测试集占比为 25%，random_state 是一个随机数种子，不同的值随机划分的结果也不同

```
from sklearn.model_selection import train_test_split
from sklearn.linear_model import LinearRegression
X_train, X_test , y_train , y_test = train_test_
split(X,Y,test_size=0.25,random_state=26)
```

　　# 模型训练，建立线性回归模型，调用 LinearRegression（）函数，采用 model.fit 进行训练

```
model = LinearRegression()
model.fit(X_train, y_train)
```

　　# 模型预测，采用 model.predict（）函数

```
predictions=model.predict(X_test)
```

```
>>> predictions
array([[2.41307932],
       [2.00446276],
       [2.41307932],
       [4.11118843],
       [5.2185532 ],
       [4.43551409],
       [3.35045009],
       [2.87257137],
```

　　# 画图比较，用预测值与实际值进行比较

```
bias= y_test-predictions # 求取偏差值
sb.distplot(bias)
plt.show()
```

```
>>> bias
              tip
135    -1.163079
111    -1.004463
124     0.106921
227    -1.111188
125    -1.018553
```

　　上图第一列表示账单的编号，第二列表示小费预测的偏差值。

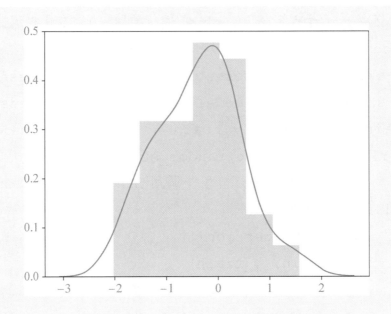

小费偏差值的概率密度分布的直方图和核函数估计

上图为小费偏差值的概率密度分布的直方图和核函数估计（实线部分），可以看出，大部分的预测偏差还是很小的（在 0 附近图形达到峰值）。

接下来用已有的数据进行训练和测试。下面我们用已经建立好的模型对未来的情况做出预测，一个是周五午餐 3 人桌男性吸烟者，另一个是周日晚餐 4 人桌女性非吸烟者。X_train 一共有 7 列，如：

```
>>> X
      sex  smoker  size  Fri  Sat  Sun  Dinner
0      1       0     2    0    0    1       1
```

对照各列的含义，给出这两组新数据的编码。其中 sex=0 表示男性，sex=1 表示女性，smoker=1 表示吸烟者，smoker=0 表示非吸烟者，size=3 表示为 3 人桌，size=4 表示为 4 人桌，100 表示周五，001 表示周日，Dinner=0 表示午餐，Dinner=1 表示晚餐。因此第一组数据的编码为 [0,1,3,1,0,0,0]，第二组数据的编码为 [1,0,4,0,0,1,1]。下面进行预测。

----------------------part 7 预测新数据 ----------------------

```
import numpy as np
```

```
myvals = np.array([0,1,3,1,0,0,0]).reshape(1,-1)  # 采
```
用 reshape() 函数改变 list 的形状，1 表示 1 行，-1 表示若干列
```
model.predict(myvals)
```

```
>>> model.predict(myvals)
array([[3.12444493]])
```

这样可以预测出第一种情况可能获得的小费为 3.12 元。

```
myvals2 = np.array([1,0,4,0,0,1,1]).reshape(1,-1)
```
```
model.predict(myvals2)
```

```
>>> myvals2 = np.array([1,0,4,0,0,1,1]).reshape(1,-1)
>>> model.predict(myvals2)
array([[4.0491983]])
```

这样可以预测出第二种情况的预测结果为 4.05 元。

第三节

Section 3

一个简单聚类的例子

　　在本章的第一个例子中，我们知道鸢尾花的类别，采用监督学习算法对模型进行训练。如果给定一些数据，例如商品评论、球员的过往表现、客户购买商品的信息，我们不知道这些信息究竟应该属于哪一种类别，是否能找到一种方法对这些信息进行处理，将一些相似的对象放在一起，形成某一类别，再对这一类别进行分析。比如，对于这些商品评论，顾客是持正面态度还是负面态度，该球员是善于防守还是善于进攻，该客户是对传统商品还是对新商品更感兴趣等。我们采集到的信息可以有很多项，下面我们将采用一个二维的数据进行聚类方法的说明（易于在二维图形中表示），比如对应球员信息为助攻次数和防守次数两项数据，对应客户购买的商品选择其中购买数量最多的两项。实际上也可以将二维数据推广到多维数据。

　　在这个例子中，产生一组二维数据，采用 $k-mean$ 方法进行聚类。聚类算法的核心一般是通过距离来确定的，即通过计算样本数据与聚类中心（一般随机初始化）的距离来判断，如果两者距离最近（最近并不表示很相像，只是在与整个聚类中心的比较中相对更接近一些），则该样本归到这一类，而这个聚类中心也在调整，调整的方向和这一类中的大部分样本接近。我们举个生活中的例子进行说明。假定在一个班里成立兴趣小组，有自然、美术、科学 3 个小组。现在同学们根据自己的兴趣只能选择一个小组，那么同学们会选择和自己兴趣最接近的小组，这个小组可以看作初始的聚类中心，这些同学是样本数据。随着同学们的加入，假如自然小组中大部分的同学都喜欢植物，那么这个聚类中心就慢慢演化为植物小组。某加入的同学原本喜欢动物和画动物，一开始他选择了自然组，但在聚类中心发生偏移后，他可能就会换成美术组。在这个例子中，希望同学们能够体会到"物以类聚，人与群分"的含义，以及聚类的发生是一种自发的行为，而聚类中心会随着它的成员特点而发生演变，最终成为更具有代表性的中心。

该例子的程序参考 http://www.machinelearningtutorial.net/2017/02/15/python-k-means-clustering/。

---------------------part 1 导入库 ---------------------

```
# 导入各种库
from sklearn.datasets.samples_generator import make_blobs
from sklearn.datasets.samples_generator import make_circles
from sklearn.datasets.samples_generator import make_moons
from sklearn.datasets.samples_generator import make_s_curve
import matplotlib.pyplot as plt
from sklearn.cluster import KMeans
```

---------------------part 2 生成数据 ---------------------

```
# 生成数据并画图，采用 make_blobs() 函数实现
n=1500
X, y = make_blobs(n_samples = n,
                  n_features = 3,
                  random_state = 42)
```

```
plt.scatter(X[:,0], X[:,1])
```

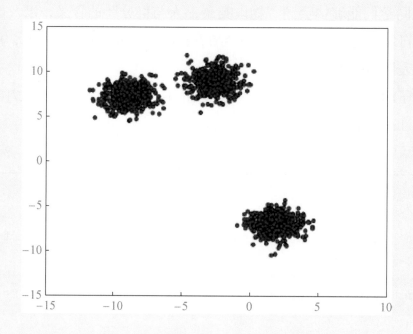

--------------------part 3 进行聚类 ---------------------

#进行聚类，采用k-mean算法进行聚类，调用KMeans()函数，其中参数n_clusters为聚类中心的个数，即最终数据会被分为几类

```
kmeans = KMeans(n_clusters = 3, random_state = 0)
kmeans.fit(X)
plt.scatter(X[:, 0], X[:, 1],c = kmeans.labels_)
plt.scatter(kmeans.cluster_centers_[:, 0], kmeans.
cluster_centers_[:, 1], s = 50, c = 'yellow')
```

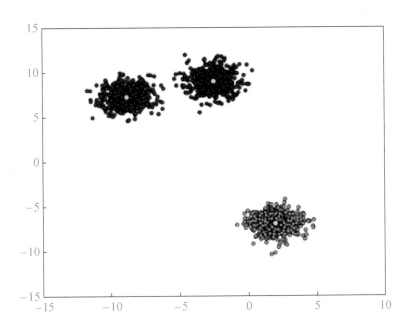

这样我们就完成了对数据的聚类，上图中用不同颜色表示不同的类别，黄色的点表示聚类中心，可以看出聚类中心处于某一类数据点的重心位置，成为这一类的代表。

小 P 来总结

利用 Python 做机器学习，可以暂时不知道每个算法的细节及实现，只专注在解决问题上，通过学习一个实例，掌握其解决问题的过程和步骤，这样同学们在解决新的问题上就能举一反三了。

在使用 Python 解决机器学习问题时，无须成为一个专业的编程者。掌握了最基本的编程语法，包括数据类型、函数以及面向对象的基础部分，就可以开始解决问题之路。最常用的 Python 语句是定义合适的数据类型，如列表，然后就是函数的调用。

在解决问题时，一开始也无须成为一名机器学习专家，我们可以慢慢了解不同算法的优点和局限性，但是要掌握如何采用模型解决问题的步骤，特别要注意对模型的校验。在一开始，我们需要掌握的关键步骤包括导入数据（数据准备）、查看数据（数据的个数、属性、分布范围）、建立模型、评估模型算法的优劣、进行预测。

本章小结

本章介绍了人工智能的分支之一——机器学习——的一些应用实例以及 Python 程序的实现。在这一章请同学们重点掌握建立模型的一般步骤和方法，并能够区分监督学习和无监督学习，能够根据实际问题的特点采用合适的模型和算法，并能够用 Python 程序实现。

本章习题

❖ 请选取 UCI 数据库中的 wine 数据集 (http://archive.ics.uci.edu/ml/datasets/Wine)，用 Python 程序实现分类。

❖ 请完成一个一维 / 二维随机数的聚类。

第八章

光影世界
——图像识别

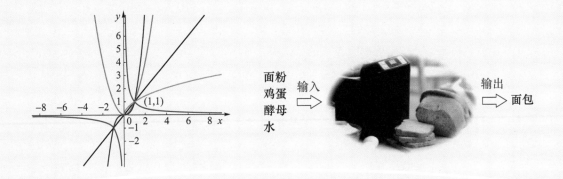

面粉
鸡蛋   输入
酵母
水

输出
面包

在我们的生活中，计算机的图像识别技术获得了广泛的应用，如手机指纹检索、人脸解锁、住宿人脸识别认证、车牌违章识别等。图像识别是人工智能研究的重要领域之一。

图像识别就是对图像做出各种处理、分析，最终识别我们所要研究的目标。图像识别的发展经历了 3 个阶段：文字识别、数字图像处理与识别、物体识别。计算机的图像识别技术是依据人类的图像识别的基本原理进行设计的。人类在识别图像时，不是记忆整张图像，而是依靠图像所具有的本身特征将这些图像进行分类，例如颜色、纹理、边缘轮廓、结构比例等。因此计算机图像识别技术的工作过程分为信息的获取、预处理、特征抽取和选择、分类器设计和分类决策等几步。首先通过传感器将光或声音等信息转换为电信息，再将电信息转换为数字化信息，并通过去噪、平滑、变换等操作对图像进行预处理，进而提取图像的特征，如亮度、边缘、纹理和色彩等，或者通过数学变换得到的矩阵、直方图以及主成分等特征，最后通过分类器处理这些特征，得到图像所属的类别。

下面我们给出 3 个利用 Python 实现图像识别的例子，包括数字手写体识别、人脸识别和目标检测。

第一节

Section 1

数字手写体识别

▶▶ 数字手写体识别的基本原理

在一家邮局，有许多包裹和信件的快递单都是手工填写的，如果需要利用计算机视觉进行分拣，则可以根据邮政编码进行，这就涉及大量的手写体数字需要识别。由于数字是从 0，1，2 一直到 9 的，数量较少，可以采用类似我们进行语音识别的方式进行。只不过这次我们采集的不是声波，而是图像信息。

在一个图像信息中，有图的地方就存在一定信息，例如笔画、颜色等，而其余部分是空白。

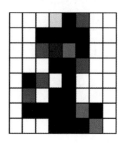

手写体数字

如果按照计算机的数据存储方式，一个简单的表示方法是空白处用 0 表示，而有颜色的部分用 1 表示，更进一步，有颜色的部分可以根据颜色的深浅写成小数，表示其灰度信息。如果我们希望每个数字的表达都是统一规格的，我们可以加上一个规定大小的栅格，根据栅格上的灰度值确定数值，如下图所示。

数字的灰度信息

这样每个手写体数字都对应一个栅格图（图中设计了一个 8×8 的栅格），如果我们只取其灰度信息，就可以把一个数字表示成一个 8×8 的数阵（矩阵）。我们来看一看下面两个数阵，大家发挥一下想象力，看看这分别是数字几。

0.	0.	5.	13.	9.	1.	0.	0.
0.	0.	13.	15.	10.	15.	5.	0.
0.	3.	15.	2.	0.	11.	8.	0.
0.	4.	12.	0.	0.	8.	8.	0.
0.	5.	8.	0.	0.	9.	8.	0.
0.	4.	11.	0.	1.	12.	7.	0.
0.	2.	14.	5.	10.	12.	0.	0.
0.	0.	6.	13.	10.	0.	0.	0.

0.	0.	0.	4.	15.	12.	0.	0.
0.	0.	3.	16.	15.	14.	0.	0.
0.	0.	8.	13.	8.	16.	0.	0.
0.	0.	1.	6.	15.	11.	0.	0.
0.	1.	8.	13.	15.	1.	0.	0.
0.	9.	16.	16.	5.	0.	0.	0.
0.	3.	13.	16.	16.	11.	5.	0.
0.	0.	0.	3.	11.	16.	9.	0.

数字的灰度值一

此时，我们把 0 的部分想象成空白，把有数字的部分（特别是数值较大的部分）连在一起，发现了吗？

```
0.  0.  5. 13. ⌒   1.  0.  0.          0.  0.  0.  4. 15. 12.  0.  0.
0.  0. 13. 15. 10. 15.  5.  0.          0.  0.  3. 16. 15. 14.  0.  0.
0.  3.  ⌒  2.  0. 11.  0.  0.          0.  8. 13.  8. 16.  0.  0.  0.
0.  4. 12.  0.  0.  8.  0.  0.          0.  1.  6. 15. 11.  0.  0.  0.
0.  5.  8.  0.  0.  9.  8.  0.          0.  1.  8. 13. 15.  1.  0.  0.
0.  4.  1.  0.  1. 12.  7.  0.          0.  9. 16. 16.  5.  0.  0.  0.
0.  2.  ⌒  0. 13. 12.  0.  0.          3. 13. 16. 16. 11.  5.  0.  0.
0.  0.  6. 13. 10.  0.  0.  0.          0.  0.  0.  3. 11. 16.  9.  0.
```

数字的轮廓

再来看一组 0 和 2。

```
0.  0.  1.  9. 15. 11.  0.  0.          0.  0.  5. 12.  1.  0.  0.  0.
0.  0. 11. 16.  8. 14.  6.  0.          0.  0. 15. 14.  7.  0.  0.  0.
0.  2. 16. 10.  0.  9.  9.  0.          0.  0. 13.  1. 12.  0.  0.  0.
0.  1. 16.  4.  0.  8.  8.  0.          0.  2. 10.  0. 14.  0.  0.  0.
0.  4. 16.  4.  0.  8.  8.  0.          0.  0.  2.  0. 16.  1.  0.  0.
0.  1. 16.  5.  1. 11.  3.  0.          0.  0.  6. 15.  0.  0.  0.  0.
0.  0. 12. 12. 10. 10.  0.  0.          0.  0.  9. 16. 15.  9.  8.  2.
0.  0.  1. 10. 13.  3.  0.  0.          0.  0.  3. 11.  8. 13. 12.  4.
```

数字的灰度值二

1. 关于输入向量

每一个 0 或者 2 都是不完全相同的，它们之间的差别还是比较大的，如第 7 章所介绍的解决分类问题，手写体数字识别同样也是一个分类问题，需要我们建立模型，进行训练，适应不同的输入，给出正确的预测结果。手写体数字识别与分类问题的区别在于输入向量的处理以及模型类型的选择等。如前面鸢尾花的识别问题一样，对于大多数模型来说，处理一个 $1 \times n$ 的输入向量相对容易，因此可以将上面的数阵转换为一个 1×64 的向量来送入模型并进行处理。当然，这种处理方式割裂了上下行之间的联系，随着模型的发展，深度网络可以对矩阵进行直接的处理，可取得更好的效果，这在后面的物体检测中会介绍。对于这个相对简单的数字手写体识别问题，可以采用向量方式输入。

2. 关于模型

这里采用的模型是支持向量机（SVM）。支持向量机将向量映射到一个更高维的空间里，在这个空间里建有一个最大间隔超平面。这个超平面将数据分开，使得两类数据离这个超平面的距离最大化。我们可以这样理解这个问题，比如有两个数字 1 和 –1，那么区分这两个数字的界限可以是 0，0.3，–0.5，在这些数字中，0 具备最好的区分度，离两边都比较远。这是一个一维的情况。如果是二维空间中的点，区分它们的就将是一条线；在三维空间中，就将是一个面；而在更高维的空间中，就将是一个超平面。支持向量机就是将低维空间中无法用直线分开的数据映射到高维空间中，并找到这样一个超平面，尽可能地将不同的类分开。

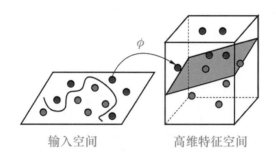

输入空间　　　　　　　　高维特征空间

支持向量机原理

低维空间中不可分的两种物体在高维空间中就会变得可分，这如何理解？例如数学中的三棱锥和圆锥，从正视图看，两个图形是一样的，是三角形，而在三维空间中，它们完全不一样。支持向量机对原输入进行一个非线性映射，映射到高维空间中，使原有信息发生改变，从而使计算机能够更好地进行区分。

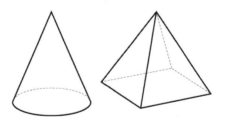

不同维度的视角

▶▶ 数字手写体识别的 Python 程序

这个程序和第 7 章的程序流程类似，都需要导入相应的库，导入数据集，建立模型，进行训练和预测。本程序参考 http://scikit–learn.org/stable/auto_

examples/classification/plot_digits_classification.html#sphx-glr-auto-examples-classification-plot-digits-classification-py。原作者为 Gael Varoquaux。

----------------------part 1 导入相关库----------------------

```
# 需要安装 matplotlib 和 sklearn ，可以在 cmd 窗口通过 pip
install 指令进行安装
import matplotlib.pyplot as plt
from sklearn import datasets,svm,metrics
```

----------------------part 2 导入数据集----------------------

说明：每个手写体数字存储成图像后，进行栅格化处理，即将图像分为一个 8×8 的网格，每个数字都表示为网格上的灰度值的组合，即每个数字都表达为一个 8×8 的矩阵(digits.images)或者一个 64 维的向量 (digits.data)，目标值为数字的值，如 0，1，2 等

```
digits = datasets.load_digits()
print(digits.data)
digits.data.shape
```

```
>>> print(digits.data)
[[ 0.  0.  5. ...  0.  0.  0.]
 [ 0.  0.  0. ... 10.  0.  0.]
 [ 0.  0.  0. ... 16.  9.  0.]
 ...
 [ 0.  0.  1. ...  6.  0.  0.]
 [ 0.  0.  2. ... 12.  0.  0.]
 [ 0.  0. 10. ... 12.  1.  0.]]
>>> digits.data.shape
(1797, 64)
```

```
images_and_labels = list(zip(digits.images, digits.target))  #zip() 函数用于将可迭代的对象作为参数，将对象中对应的元素打包成一个个元组，然后返回由这些元组组成的列表，这里实际上就是将每一个数字的特征输入和特征输出进行一一对应，组成一个个元组，最后组成列表。下面给出列表 images_and_labels 中的第一项
```

```
>>> images_and_labels
[(array([[ 0.,  0.,  5., 13.,  9.,  1.,  0.,  0.],
         [ 0.,  0., 13., 15., 10., 15.,  5.,  0.],
         [ 0.,  3., 15.,  2.,  0., 11.,  8.,  0.],
         [ 0.,  4., 12.,  0.,  0.,  8.,  8.,  0.],
         [ 0.,  5.,  8.,  0.,  0.,  9.,  8.,  0.],
         [ 0.,  4., 11.,  0.,  1., 12.,  7.,  0.],
         [ 0.,  2., 14.,  5., 10., 12.,  0.,  0.],
         [ 0.,  0.,  6., 13., 10.,  0.,  0.,  0.]]), 0),
```

------------------------part 3 绘制图像-----------------------

```
#enumerate() 函数用于遍历序列中的元素以及它们的下标
for index, (image, label) in enumerate(images_and_
labels[:4]):
plt.subplot(2, 4, index + 1)
plt.axis('off')
plt.imshow(image, cmap=plt.cm.gray_r,
interpolation='nearest')
plt.title('Training: %i' % label)
```

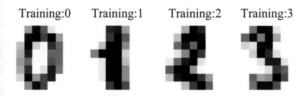

------------------part 4 建立模型、训练模型 -------------------

在建立分类器模型之前，为了让分类器可以处理这些图像，我们需要将图像的存储格式进行改变，此处利用 reshape() 函数将样本数据的格式重新进行存储，形成一个 1 797×64 的输入矩阵，每一行都对应一个数字

```
n_samples = len(digits.images) # 数据的个数计算，共有
1797 组数据
data = digits.images.reshape((n_samples, -1))
```

```
# 创建分类器 SVM（支持向量机分类器）
classifier = svm.SVC(gamma=0.001)
# 用分类器学习前一半的样本数据
classifier.fit(data[:n_samples // 2], digits.target[:n_
samples // 2])
```

----------------------part 5 模型预测 ----------------------

```
# 用训练好的分类器预测另一半数据
expected = digits.target[n_samples // 2:] # 期望值
predicted = classifier.predict(data[n_samples // 2:]) # 预
测值
print("Classification report for classifier %s:\n%s\n"
%(classifier, metrics.classification_report(expected,
predicted)))
```

```
Classification report for classifier SVC(C=1.0, cache_size=200, class_weight=None, coef0=0.0,
    decision_function_shape='ovr', degree=3, gamma=0.001, kernel='rbf',
    max_iter=-1, probability=False, random_state=None, shrinking=True,
    tol=0.001, verbose=False):
             precision    recall  f1-score   support

          0       1.00      0.99      0.99        88
          1       0.99      0.97      0.98        91
          2       0.99      0.99      0.99        86
          3       0.98      0.87      0.92        91
          4       0.99      0.96      0.97        92
          5       0.95      0.97      0.96        91
          6       0.99      0.99      0.99        91
          7       0.96      0.99      0.97        89
          8       0.94      1.00      0.97        88
          9       0.93      0.98      0.95        92

  micro avg       0.97      0.97      0.97       899
  macro avg       0.97      0.97      0.97       899
weighted avg       0.97      0.97      0.97       899
```

```
print("Confusion matrix:\n%s" % metrics.confusion_
matrix(expected, predicted))
```

```
Confusion matrix:
[[87  0  0  0  1  0  0  0  0  0]
 [ 0 88  1  0  0  0  0  0  1  1]
 [ 0  0 85  1  0  0  0  0  0  0]
 [ 0  0  0 79  0  3  0  4  5  0]
 [ 0  0  0  0 88  0  0  0  0  4]
 [ 0  0  0  0  0 88  1  0  0  2]
 [ 0  1  0  0  0  0 90  0  0  0]
 [ 0  0  0  0  0  1  0 88  0  0]
 [ 0  0  0  0  0  0  0  0 88  0]
 [ 0  0  0  1  0  1  0  0  0 90]]
```

```python
# 将预测结果绘图展示
images_and_predictions = list(zip(digits.images[n_
samples // 2:], predicted))
for index, (image, prediction) in enumerate(images_
and_predictions[:4]):
plt.subplot(2, 4, index + 5)
plt.axis('off')
plt.imshow(image, cmap=plt.cm.gray_r, interpolation='nearest')
plt.title('Prediction: %i' % prediction)
plt.show()
```

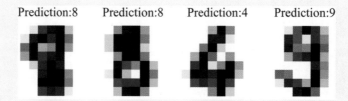

小 P 说一说

数字手写体的识别过程包括提取信息（数阵），建立训练集合与校验集，建立模型，训练模型以及选择模型。

人脸识别

▶▶ 强大的计算机视觉库 OpenCV

如果说从前面的数字识别中，我们窥探到了图像识别的一点奥秘的话，那么通过下面的这个例子，我们将领略到图像识别的有趣之处。在引入 OpenCV 库之后，采用 Python 编码，只用十几行代码就可以完成一个人脸识别的程序。

OpenCV 是一个基于 BSD 许可（开源）发行的跨平台计算机视觉库，可以运行在 Linux、Windows、Android 和 Mac OS 操作系统上。它轻量级而且高效——由一系列 C 函数和少量 C++ 类构成，同时提供了 Python、Ruby、MATLAB 等语言的接口，实现了图像处理和计算机视觉方面的很多通用算法。

OpenCV 在人机互动、物体识别、图像分割、人脸识别、动作识别、运动跟踪、机器人、运动分析、机器视觉、结构分析以及汽车安全驾驶方面获得了广泛应用。

▶▶ 级联分类器

本节的图像识别采用级联分类器进行。级联分类器是由 Paul Viola 在 2001 年提出的，后经过 Rainer Lienhart 等人改进。OpenCV 实现的级联分类器也是 Rainer 的改进版本，这种分类器的核心是多个分类器串联起来使用，将某项图像平滑窗（在整个图像上用窗口取得部分图像）检测到的特征值依次送入这些分类器并进行判断，如果判断都为正标签（检测到该目标），则表示在该平滑窗内检测到目标。如果有一个分类器拒绝，则转而处理下一个平滑窗，这样就会有较快的检测速度。

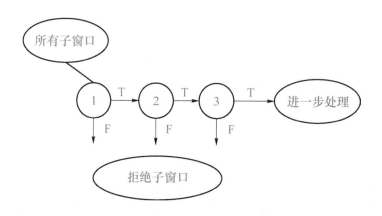

级联分类器

这里所用到的特征中最主要的是 Haar-like 特征，其可以分为 4 类：线性特征、边缘特征、点特征（中心特征）、对角线特征。Haar 特征值反映了图像的灰度变化情况。脸部的一些特征能由矩形特征简单描述，例如，眼睛比脸颊颜色深，鼻梁两侧比鼻梁颜色深，嘴比其周围皮肤颜色深等。

>> 基于 Python 的人脸识别

采用 Python 进行人脸识别程序的设计，包括以下几个步骤：第一步是准备好相应的计算机视觉处理库、科学计算库、图形库、人工智能库等；第二步是准备好数据；第三步是准备好相应模型；第四步是进行训练和预测。这里由于采用了 OpenCV 中已经训练好的人脸检测模型 haarcascade_frontalface_default.xml，因此在下面的例子中，直接就进行图像的目标检测工作。

级联分类器的 detectMultiScale() 函数用于多尺度检测，即通过不断缩放图片大小，并采用滑动窗搜索方式，使之与搜索目标的模板相匹配，并将不同尺度下的匹配结果进行合并。detectMultiScale() 函数的主要参数有：image 为待检测图片，采用灰度图像可加快检测速度；scaleFactor 为图像的缩放因子，表示在前后两次相继的扫描中搜索窗口的比例系数，默认为 1.1，即每次搜索窗口依次扩大 10%；minNeighbors 表示构成检测目标的相邻矩形的最小个数（默认为 3 个），可以理解为一个人周边有几个人脸，如果组成检测目标的小矩形的个数和小于 min_neighbors −1，则会被排除；minSize 和 maxSize 用来限制得到的目标区域的范围，minSize 用来检测窗口的大小。这些参数都是可以针对图片进行调整的，处理结果为返回一个人脸的矩形对象列表。

本程序参考 https://docs.opencv.org/3.0-beta/doc/py_tutorials/py_objdetect/py_face_detection/py_face_detection.html。

---------------------part 1 导入相关库----------------------

```
# 需要安装 OpenCV，可以在 cmd 窗口通过 pip install opencv-python 指令进行安装
import cv2
```

---------------------part 2 导入分类器----------------------

```
# 分类器的路径可以在安装 OpenCV 的窗口查到，在 cv2 文件夹下的
data 文件夹里，采用的是 haarcascade_frontalface，使用绝对路径时
采用双反斜杠
pathe = 'C:\\Users\\***\\Lib\\site-packages\\cv2\\
data\\haarcascade_eye.xml' # 眼睛识别分类器的路径(路径自行设定)
pathf='C:\\Users\\***\\Lib\\site-packages\\cv2\\
data\\haarcascade_frontalface_default.xml'# 脸部识别分类器
的路径（路径自行设定）
face_patterns = cv2.CascadeClassifier(pathf) # 导入脸部
识别的分类器
eye_cascade = cv2.CascadeClassifier(pathe) # 导入眼睛识
别的分类器
```

-----------part 3 建立模型，进行脸部和眼睛识别并标注-----------

```
sample_image = cv2.imread('D:\\new book\\facestest4.
jpg') # 导入图像
faces = face_patterns.detectMultiScale(sample_image,
```

```
scaleFactor=1.1,minNeighbors=5,minSize=(3, 3)) # 脸部检测
    for(x, y, w, h) in faces:
    cv2.rectangle(sample_image, (x, y), (x+w, y+h), (255, 255,
0), 2)
```
标记脸部位置，调用的是 OpenCV 的 rectangle() 方法，每个人脸都画一个框，循环读取人脸的矩形对象列表，获得人脸矩形的坐标和宽高，然后在原图片中画出该矩形框，其中矩形框的颜色等是可调整的

```
    face_re = sample_image[y:y+h, x:x+h]
    eyes = eye_cascade.detectMultiScale(face_re) # 眼睛检测
    for(ex,ey,ew,eh) in eyes:
    cv2.rectangle(face_re,(ex,ey),(ex+ew,ey+
eh),(0,255,0),2)
```
标记眼睛

-----------------------part 4 输出结果 -----------------------

```
cv2.imwrite('D:\\new book\\facestest1_detected.jpg',
sample_image) # 存储检测后的图片
    cv2.imshow('facestest1_detected',sample_image) # 显示图片
```

运行结果如下。

人脸识别效果

目标检测

上面两个例子都是完成特定目标的识别 (数字手写体识别以及人脸识别)。但在实际应用中，往往需要从一张图片中检测出多种物体，这对图像识别提出了更高的要求。下面我们将利用 ImageAI 来进行目标检测。

ImageAI 为图像的检测和抽取提供了强大的类和函数，它支持使用深度学习算法的模型，例如 RetinaNet、YOLOv3 和 TinyYOLOv3。下面的例子中我们使用的模型 resnet50_coco_best_v2.0.1.h5 是采用 COCO 数据集提前进行训练过的模型。COCO 数据集有超过 200 000 张图片，有 80 种物体类别，例如人、自行车、汽车、摩托车、飞机、公共汽车、火车、卡车、船、红绿灯、消防栓等。本程序参考 https://imageai-cn.readthedocs.io/zh_CN/latest/ImageAI_Object_Detection.html 等内容。

----------------------part 1 安装相应的库 ----------------------

在安装 ImageAI 之前，需要安装多个关联库，包括 tensorflow、numpy、scipy、opencv、pillow、matplotlib、h5py、keras。注意 tensorflow 需用 64 位的 Python 版本

```
pip install --upgrade tensorflow
pip install numpy
pip install scipy
pip install opencv-python
pip install pillow
```

```
pip install matplotlib
pip install h5py
pip install keras
# 安装 ImageAI
pip install https://github.com/OlafenwaMoses/
ImageAI/releases/download/2.0.1/imageai-2.0.1-py3-
none-any.whl
    # 或者下载 imageai-2.0.1-py3-none-any.whl 后进行安装
    pip install C:/User/MyUser/Downloads/imageai-2.0.1-
py3-none-any.whl # 路径可自行设定
    # 安装完之后进入正题，进行图像内容的预测
```

```
--------------------part 2 导入相关类 --------------------
from imageai.Detection import ObjectDetection # 导入
ImageAI 目标检测类
    import os # 导入 Python 的 os 类
    execution_path = os.getcwd() # 查看当前所在路径
    print(execution_path)
    detector = ObjectDetection() # 定义目标检测类
```

```
--------------------part 3 设置模型 --------------------
detector.setModelTypeAsRetinaNet() # 将模型的类型设置为
RetinaNet
    detector.setModelPath(os.path.join(execution_path,
"resnet50_coco_best_v2.0.1.h5")) # 将模型的路径设置为
RetinaNet 模型的路径，前提是需要将文件存入当前路径
    detector.loadModel() # 将模型加载到目标检测类
```

```
--------------------part 4 物品检测 --------------------
detections = detector.detectObjectsFromImage(input_
```

```
image=os.path.join(execution_path , "city.jpg"), output_
image_path=os.path.join(execution_path , "citynew.jpg"))
```
调用目标检测函数，解析输入的和输出的图像路径
```
    for eachObject in detections:
    # 迭代执行 detector.detectObjectsFromImage() 函数并返回所
```
有的结果
打印出所检测到的每个目标的名称及其概率值
```
    print(eachObject["name"] + " : " + eachObject
["percentage_probability"] )
    detections = detector.detectObjectsFromImage(input_
image=os.path.join(execution_path , "city.jpg"), output_
image_path=os.path.join(execution_path , "citynew.jpg"))
```
目标检测类为图像目标创建一个新的文件夹，提取每张图像，并将每张
图像都保存到新创建的文件夹中

下面是运行结果。

检测之前的图片

检测之后的图片

检测结果为〔项目和正确率 (%)〕：

person：57.92815089225769

person：73.82912039756775

person：95.15230059623718

person：52.494847774505615

person：87.85123825073242

car：90.14939665794373

car：90.89049100875854

car：56.5509557723999

person：76.51398777961731

car：97.46530652046204

本章小结

　　本章介绍了 Python 在数字手写体识别、人脸识别和目标检测方面的应用。本章需要重点掌握如何利用 Python 调用各种已有的机器学习库来实现对图像的处理，以及建立模型的一般方法和步骤。

本章习题

❯ 参考本书中的程序，选取照片进行人脸识别

❯ 参考本书中的程序，选取照片进行物品辨识。

第九章

说文解字
——语言理解

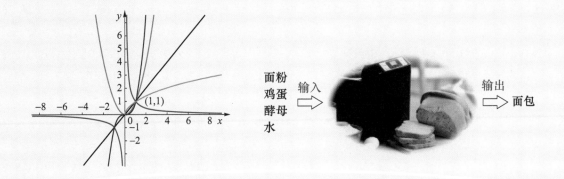

面粉
鸡蛋
酵母
水

输入 ⇨

输出 ⇨ 面包

语言是人与人最重要的沟通方式之一，在人工智能的应用中，让计算机像智慧生物一样听懂、将语音转换为文本、理解文本的含义是非常重要的目标。本章我们将利用 Python 对自然语言进行处理，包括语音合成、语音识别、文本分析、人机互动等。

第
一
节
Section 1

自然语言理解发展简史

小 I 问一问

小 I 最近有点烦恼，之前小 I 通过努力学习，已经能够辨识图像，但还是听不懂大家在说些什么。

比如：

你们在说什么？

"今天天气怎么样？"该如何回答？

"小 I 很聪明"是什么意思？小 I 应该做出开心的表情吗？

看来不仅要听到，还需要理解是什么意思，甚至进一步地进行概括、创造，在不同的语言之间进行切换。这就是自然语言理解需要解决的问题。

目前，我们看到智能机器人可以写诗歌，能够自动问答，进行翻译，分析评论的好坏，将文档按主题分类等，已经拥有了十八般武艺。它是如何练就这一身功夫的呢？一开始它也不是很厉害，它经过了怎样的一场磨炼呢？下面我们来看一看自然语言处理的发展历史。

自然语言处理的历史大致分为两个阶段：一个是从20世纪50年代到70年代，偏重于模拟人类处理语言的方式，包括字、词以及词性、构词法和语法规则的学习，人类试图帮助机器构建出一个拥有巨大规则库的决策系统，根据一定的规则来进行语言的理解等。例如一个简单的句子"小明喜欢猫"，其语法树见下图。

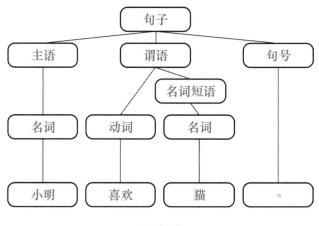

语法树

当句子变长时，这棵"树"将非常复杂，规则众多且可能互相矛盾。因此，在20世纪70年代，基于规则的句法分析无法获得进一步的发展。因此，一些先驱从另外的角度出发，就是从统计学的角度出发，提出"一个句子是否合理，就看看它的可能性大小如何"。

下面这个句子：

"杂交水稻之父"袁隆平及其团队培育的超级杂交稻品种试验田内亩产1 203.36千克。

如果改成下面的语序还可以基本理解：

"杂交水稻之父"袁隆平及其团队超级杂交稻品种培育的亩产1 203.36千克在试验田内。

但如果改成下面这样就比较难理解了：

"杂交水稻之父"团队超级试验田品种袁隆平及其培育的亩产1 203.36千克在内杂交稻。

实际上，不管是字与字还是词与词，它们之间的先后关系的可能性都是不一样的。如果我们按照概率最大的方式进行分词和理解，就会更加接近实际的情况。这就是基于统计的自然语言处理方法，包括语音识别、词性标注和分词等。

自然语言处理的任务包括语音合成、语音识别 、中文自动分词、词性标注、句法分析、文本分类、文本挖掘、信息抽取、问答系统、机器翻译、文本情感分析、自动摘要和文字蕴涵。本章主要介绍语音识别、文本分析和自动问答系统的 Python 实现。

语音识别

　　语音识别是实现人机交互的关键技术，可以让机器分辨出不同的声音，也是让机器进行深层次理解的基础，最终实现机器对语言的理解。机器是如何实现语音识别的呢？先来回想一下我们自身是如何识别不同事物发出的声音的？比如狮子的吼声、小鸟的鸣叫、钢琴的乐声等。对于声音，我们从直观上来看，有高音，有低音，有长音，有短音，音与音之间产生的不同组合可以反映出不同的韵律以及发出声音者的特征。综上所述，要识别一种事物，最关键的是找出这类事物和其他事物的不同之处，这就是事物的特征。在提取了特征之后，就需要对这些特征进行判断，对于我们来说，起判断作用的就是我们的大脑，在用计算机进行处理时，就称为模型。我们的大脑经过反复的训练和学习才能够对事物进行较为准确的判断，例如经过训练后，可以分辨出不同的音阶，可以根据旋律写下乐谱。与之类似，我们所建立的计算机模型同样也需要训练，这样才可以让机器对某一范围内的事物做出正确的判断。

　　以史为鉴，我们先来回顾语音识别的历史，从历史的足迹中体会语音识别的基本原理，然后阐述构成一个语音识别系统所需要的基本构件，并学会如何利用 Python 来完成一些语音识别的工作。

▶ 语音识别的历史

　　在阐述历史之前，小 P 先来问几个问题。

小 P 问一问

问题 1：声音是什么？

提　示：如果不知道的话，可以求助物理学（万物运转的道理）。

问题 2：不同的声音在物理世界有哪些不同？

提　示：我们可以想一想音乐喷泉的变化，以及不同歌声的变化。

问题 3：万事开头难，从易到难，我们如何解决一个简单语音识别任务：识别 0~9 10 个数字（假如我们的世界中就只有这 10 个语音）？

问题 4：世界如此丰富，如何识别更复杂的语音场景？也许你用过很多语音识别软件（计算机、手机上现在很普遍），是否需要选择语言？是否需要选择方言？在使用过程中都有什么要求？现有的语音识别系统还有哪些可以改进的地方？

带着这些问题，开始我们这个简短的语音识别之旅吧！

　　语音识别经过了六十多年的发展，到今天已达到较高的识别率。在 20 世纪 50 年代，贝尔实验室实现了 10 个英文数字识别系统，这是一个简单的孤立词识别系统；从 20 世纪 60 年代开始，CMU 的 Reddy 开始进行连续语音识别的开创性工作，但进展非常缓慢；到了 20 世纪 70 年代，语音识别研究在小词汇量、孤立词的识别方面取得了实质性的进展；20 世纪 80 年代是语音识别快速发展的时期，研究的重点逐渐从孤立词识别系统转向大词汇量、非特定人连续语音识别系统；如果说之前的语音识别基于模板匹配技术，那么 20 世纪 80 年代的研究思路就转为基于统计模型，其中具有代表性的是基于 GMM-HMM（高斯混合模型 - 隐马尔可夫模型）的语音识别框架；而 20 世纪 90 年代语音识别发展则较为缓慢，但是相关语音产品有了很大进展。关键的突破起始于 2006 年，自辛顿提出深度置信网络（DBN），促使了深度神经网络（Deep Neural Network，DNN）的发展，之后它在连续语音识别任务上获得突破，从而基于 DNN-HMM 的语音识别系统成为研究的热点。

　　从上面的这段历史中，我们可以发现人们对语音识别任务的认知不断深入、技术不断改进，上面的文字只是一段历史的简单浓缩，下面我们将介绍语音识别的发展历史，从而使同学们逐步理解语音识别的基本原理。在这里我们用通俗的语言来进行解释，对于其中的数学模型我们不做更深入的探讨。

▶▶ 语音识别的基本原理

声音是一种波，就像大海的海浪一样，上下起伏。不同的声音对应的波形不同，包括波形的振动幅度和振动的快慢（频率）。

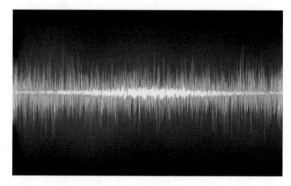

声波采集

因此在最初的语音识别中，我们可以将一些单字（如1，2，3）的波形进行存储，当输入一个新的数字声音波形时，可以与已经存储的波形进行匹配，与之最接近的就是判定结果。

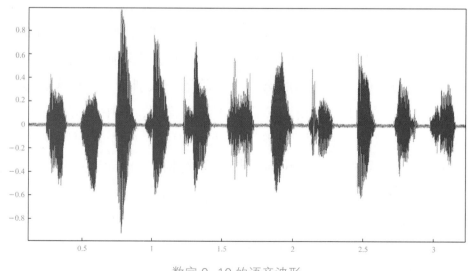

数字 0~10 的语音波形

从上面的过程中可以发现，这种方法对于少量、孤立的单词可以解决识别问题，但是如果要识别大词汇量、连续语音，这种方法就存在很大的局限性。究竟该如何解决这个问题？波形需要哪些桥梁才可以与语句产生联系？如何建立起波形到语句之间的模型？

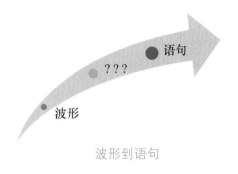

波形到语句

我们分别从输入（波形）、输出（语句）两个方面来进行探究。语句越长，对应的波形就越长。我们可以将语句分解为词，词又可以分为字，字可再分为音素，是否可以将这些细分的单元与波形相对应呢？波形是否也应该进行划分？如果划分应如何划分？划分后该如何建立联系？带着这些问题我们来看一下 20 世纪 80 到 90 年代的语音识别模型的处理方式。

第一个问题是波形划分的基本缘由。由于一个句子是连续的语音，不能完全确定多长对应一个字，因此我们从更小的单位进行划分，最后将这些微小单位进行组合来对应一个音素或者字。这就比如说水是由水分子组成的，而水分子又是由氢原子和氧原子构成的，不同的原子组合会构成不同的物质。从波形对应语音就类似从原子对应物质，不同的原子组成和分子结构决定了最终的物质形态，而不同的波形微单元（一小段波形，我们通常称它为帧）的组合最终将对应不同的语音。

第二个问题是波形划分的粒度，也就是多长时间划分出一个帧，帧与帧之间是否有重叠。考虑说话时的一个连续过程，也就是音素是一串串连续的，因此在划分时要考虑这种连续性，一般按照一个移动窗进行划分，例如 25 ms 划分一帧，帧与帧之间有 10 ms 的重叠。

当分成一帧一帧之后，还需要对波形进行处理，也就是进行特征提取，例如常见的 MFCC 方法就是根据人耳的生理特性，把每一帧波形都变成一个多维向量。

第三个问题是这些帧如何与音素建立联系。在与音素建立联系之前，先引入状态，状态可以理解为比音素更小的单位，通常把一个音素划分成3个状态。在这里将实现帧与状态的对应关系，也就是当获得一帧的信息时，判断出它最有可能对应哪一个状态，这是靠建立声学模型来实现的，一个模型相当于一个复杂的函数，里面有很多参数，通过这些参数就可以知道帧和状态对应的概率。获取这些参数的方法叫做训练，训练需要使用巨大数量的语音数据，我们已知波形和状态，通过调节参数可使得输入波形时模型的输出状态与已知的状态对应最好。

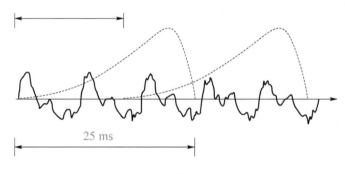

声波的帧划分

第四个问题是这些状态如何对应音素。解决这个问题的常用方法就是使用隐马尔可夫模型（Hidden Markov Model，HMM）。第一步，构建一个状态网络。第二步，从状态网络中寻找与声音最匹配的路径。那如果想识别任意文本呢？把这个网络搭得足够大，包含任意文本的路径就可以了。

小I最后总结一下语音识别的过程

第一步，把帧识别成状态。

第二步，把状态组合成音素。

第三步，把音素组合成单词。

下图中，每个小竖条都代表一帧，若干帧语音对应一个状态，每3个状态组合成一个音素，若干个音素组合成一个单词。

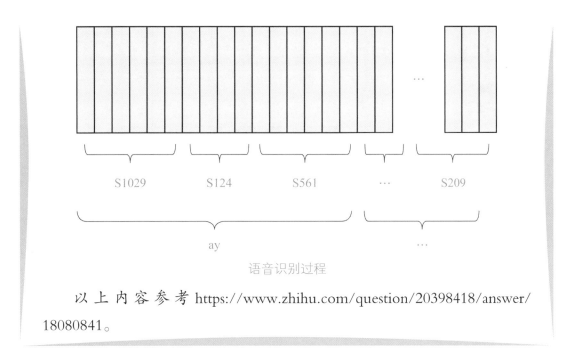

语音识别过程

以上内容参考 https://www.zhihu.com/question/20398418/answer/18080841。

随着深度网络研究的兴起，它对特征提取的能力大为增强，通过大量样本的训练，可以自行分层提取信号特征。因此在声学模型阶段，DNN 开始代替 GNN 工作，直接输入语音的语谱图就可以了。例如语音 000111222333 的语谱图如下。

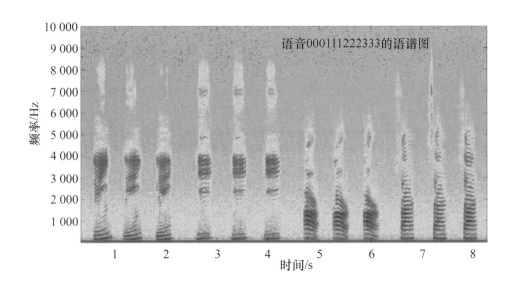

语谱图（选自博客 https://www.cnblogs.com/hogli/p/5918199.html ）

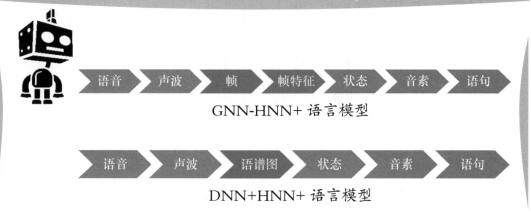

小 I 最后总结一下语音识别的模型

GNN-HNN+ 语言模型

DNN+HNN+ 语言模型

➤➤ 利用 Python 进行语音操作

在利用 Python 建立一个语音系统时，可以调用现有计算机操作系统自带的语音模块，也可以使用各大公司提供的语音接口。我们在这里主要利用微软操作系统提供的语音接口来进行语音的识别操作。

首先完成语音的合成，即用键盘输入语句后，合成语音；其次通过语音的输入，调用计算机完成相关任务。

安装 speech 模块：在 cmd 窗口键入 pip install speech。

```python
# 将输入文字转换为语音信号并输出
import speech  # 导入 speech 模块
while True:
    speech.say("请输入：")
    str=input("请输入：")
    speech.say("你输入的内容是：")
    speech.say(str)
```

运行结果：

运行程序后，系统会弹出窗口：

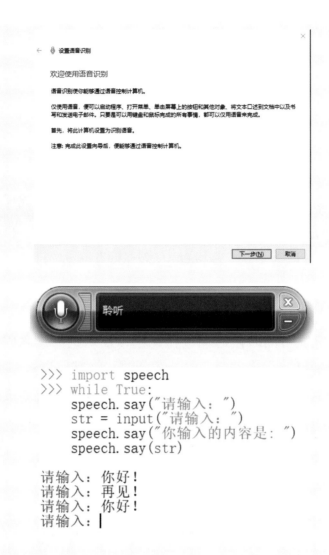

```
>>> import speech
>>> while True:
    speech.say("请输入：")
    str = input("请输入：")
    speech.say("你输入的内容是：")
    speech.say(str)

请输入：你好！
请输入：再见！
请输入：你好！
请输入：
```

计算机系统会合成电子音"请输入"，当输入"你好！"时，计算机会读出"你输入的内容是你好"。当用户说话时，计算机会调用微软自带的语音识别功能进行识别。

文本分析

▶▶ 基于结巴分词的中文分词

计算机在处理文本的时候对词进行识别以及对词与词之间的关系进行判定，从而达到识别语句含义的效果。中文和英文有所不同，中文的词不像英文那样中间有空格，需要将字进行组合从而形成词。因此中文分词是中文文本处理的一个基础步骤，在进行中文自然语言处理时，通常需要先进行分词。中文分词是文本挖掘的基础，对于输入的一段中文，成功地进行中文分词，可以达到计算机自动识别语句含义的效果。

下面我们将先介绍非常流行的且开源的分词器——结巴（jieba）分词器，并使用 Python 进行实战。下文中的代码来自结巴分词的官方程序示例（参见 https://github.com/fxsjy/jieba）。

结巴分词支持 3 种分词模式：① 精确模式，试图将句子最精确地切开，以适合文本分析；②全模式，把句子中所有的可以成词的词语都扫描出来，速度快，但不能解决歧义；③搜索引擎模式，在精确模式的基础上，对长词再进行词切分，提高召回率，适合用于搜索引擎分词。

```
#encoding=utf-8
from _future_ import unicode_literals
import sys
sys.path.append("../")
```

```
import jieba
import jieba.posseg
import jieba.analyse

print('='*40)
print('1. 分词')
print('-'*40)
#jieba.cut 方法接收 3 个输入参数：需要分词的字符串；cut_all 参数用来控制是否采用全模式；HMM 参数用来控制是否使用 HMM 模型

seg_list = jieba.cut("我来到北京的清华大学", cut_all=True)
print("全模式：" + "/ ".join(seg_list))   # 全模式

seg_list = jieba.cut("我来到北京的清华大学", cut_all=False)
print("全模式：" + "/ ".join(seg_list))   #默认模式

seg_list = jieba.cut("他来到了网易杭研大厦")
print(", ".join(seg_list))

seg_list = jieba.cut_for_search("小明硕士毕业于中国科学院计算所，后在日本京都大学深造")   #搜索引擎模式
print(", ".join(seg_list))
```

代码段 1
实现分词

```
========================================
1. 分词
----------------------------------------
Building prefix dict from the default dictionary ...
Loading model from cache C:\Users\wangqin\AppData\Local\Temp\jieba.cache
Loading model cost 1.019 seconds.
Prefix dict has been succesfully.
Full Mode: 我/ 来到/ 北京/ 清华/ 清华大学/ 华大/ 大学
Default Mode: 我/ 来到/ 北京/ 清华大学
他，来到，了，网易，杭研，大厦
小明，硕士，毕业，于，中国，科学，学院，科学院，中国科学院，计算，计算所，，，后
，在，日本，京都，大学，日本京都大学，深造
```

代码段 1 结果

从上图中可以看出"杭研"并没有在词典中，但是也被 Viterbi 算法识别出来了。

```
print('='*40)
print('2．添加自定义词典／调整词典')
print('-'*40)
print('/'.join(jieba.cut('如果放到post中将出错。',
HMM=False)))
```

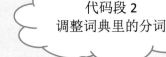

代码段 2
调整词典里的分词

```
# 如果／放到/post/中将／出错／
print(jieba.suggest_freq(('中', '将'), True)) # 利用
suggest_freq() 函数加入常用词，例如"中"和"将"一般是分开的
    #494
print('/'.join(jieba.cut('如果放到post中将出错。',
HMM=False)))
# 如果／放到/post/中／将／出错／
print('/'.join(jieba.cut('「台中」正确应该不会被切开',
HMM=False)))
#「／台／中／」／正确／应该／不会／被／切开
print(jieba.suggest_freq('台 中', True)) # 利用
suggest_freq() 函数加入常用词，例如"台中"一般是一个词
    #69
```

```
print('/'.join(jieba.cut('「台中」正确应该不会被切开 ',
HMM=False)))
#「 / 台中 / 」/ 正确 / 应该 / 不会 / 被 / 切开
```

```
====================================
2. 添加自定义词典/调整词典
------------------------------------
如果/放到/post/中将/出错/。
494
如果/放到/post/中/将/出错/。
「/台中/」/正确/应该/不会/被/切开
69
「/台中/」/正确/应该/不会/被/切开
```

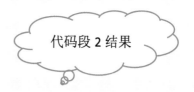

代码段 2 结果

```
print('='*40)
print('3. 关键词提取 ')
print('-'*40)
print('TF-IDF')
print('-'*40)
```

代码段 3-1
关键词提取

s = "此外,公司拟对全资子公司吉林欧亚置业有限公司增资4.3亿元，增资后，吉林欧亚置业注册资本由 7 000 万元增加到 5 亿元。吉林欧亚置业主要经营范围为房地产开发及百货零售等业务。目前在建吉林欧亚城市商业综合体项目。2013 年，实现营业收入 0 万元，实现净利润 -139.13 万元。"

```
# 利用函数 analyse.extract_tags() 提取关键词，有两个
参数，一个是字符串 s，另一个是权重 withWeight，即每个词在文
中出现次数占的权重
for x, w in jieba.analyse.extract_tags(s,
withWeight=True):
    print('%s %s' % (x, w))
```

```
========================================
3. 关键词提取

TF-IDF
----------------------------------------
欧亚 0.7300142700289363
吉林 0.659038184373617
置业 0.4887134522112766
万元 0.3392722481859574
增资 0.3358240198523404
4.3 0.25435675538085106
7000 0.25435675538085106
2013 0.25435675538085106
139.13 0.25435675538085106
实现 0.19900979900382978
综合体 0.1948030962470212
经营范围 0.19389757253595744
亿元 0.1914421623587234
在建 0.17541884768425534
全资 0.17180164988510638
注册资本 0.1712441526
百货 0.16734460041382979
零售 0.1475057117057447
子公司 0.14596045237787234
营业 0.13920178509021275
```

代码段 3-1 结果
例如"欧亚"出现
的次数较多

```python
print('-'*40)
print(' TextRank')
print('-'*40)
for x, w in jieba.analyse.
textrank(s, withWeight=True):
    print('%s %s' % (x, w))
```

代码段 3-2
分词按照出现
次数排序

```
TextRank
----------------------------------------
吉林 1.0
欧亚 0.9966893354178172
置业 0.6434360313092776
实现 0.5898606692859626
收入 0.43677859947991454
增资 0.4099900531283276
子公司 0.35678295947672795
城市 0.34971383667403655
商业 0.34817220716026936
业务 0.3092230992619838
在建 0.3077929164033088
营业 0.3035777049319588
全资 0.303540981053475
综合体 0.29580869172394825
注册资本 0.29000519464085045
有限公司 0.2807830798576574
零售 0.27883620861218145
百货 0.2781657628445476
开发 0.2693488779295851
经营范围 0.2642762173558316
```

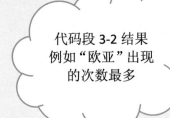

代码段 3-2 结果
例如"欧亚"出现
的次数最多

```
print('='*40)
print('4. 词性标注 ')
print('-'*40)
words = jieba.posseg.cut(" 我爱北京天安门 ")
for word, flag in words:
print('%s %s' % (word, flag))
```

```
========================================
4. 词性标注
我 r
爱 v
北京 ns
天安门 ns
========================================
```

> 代码段4及结果
> 词性标注,例如代
> 词r、动词v、
> 名词ns

```
print('='*40)
print('5. Tokenize: 返回词语在原文的起止位置 ')
print('-'*40)
print(' 默认模式 ')
print('-'*40)
```

> 代码段5
> 返回词语在原
> 文的起止位置

```
result = jieba.tokenize(' 永和服装饰品有限公司 ')
for tk in result:
    print("word %s\t\t start: %d \t\t end:%d" %
(tk[0],tk[1],tk[2]))
```

```
print('-'*40)
print(' 搜索模式 ')
print('-'*40)
```

```
result = jieba.tokenize(' 永 和 服 装 饰 品 有 限 公 司 ',
mode='search')
```

```
for tk in result:
        print("word %s\t\t start: %d \t\t end:%d" %
(tk[0],tk[1],tk[2]))
```

代码段 5
结果

```
=======================================================
5. Tokenize: 返回词语在原文的起止位置
─────────────────────────────────────
默认模式
─────────────────────────────────────
word 永和               start: 0              end:2
word 服装               start: 2              end:4
word 饰品               start: 4              end:6
word 有限公司           start: 6              end:10
─────────────────────────────────────
搜索模式
─────────────────────────────────────
word 永和               start: 0              end:2
word 服装               start: 2              end:4
word 饰品               start: 4              end:6
word 有限               start: 6              end:8
word 公司               start: 8              end:10
word 有限公司           start: 6              end:10
```

➤➤ 基于 jieba 与 NLTK 分析唐诗作者

小I的任务

"空山不见人，但闻人语响。"是谁的作品啊？

《红楼梦》的后四十回究竟是谁写的？

小 I 忙得满头大汗，请同学们来帮忙。

同学甲：李白的诗浪漫，杜甫的诗厚重，王维的诗清新，可以看看这个诗句是什么风格。

同学乙：每个作者的题材风格都不同，用词习惯也不一样，可以从这方面入手考虑。

有了同学们出主意，小 I 有了主意，可以尝试看看作品的用词。一个作者在写作时，通常会有一些常用的词或者语序。小 I 找到小 P，小 I 说可以利用程序将一部小说、一首诗歌进行基本词汇的提取，看看这些词出现的频率，对照不同作者的作品中这些词出现的频率，给出一个判断。这实际上也是一个分类问题，输入是文本的特征，例如关键词，输出是文本的类别，如作者。

　　下面我们来介绍一个实例，采用结巴分词对中文文本进行分词，再采用NLTK(Natural Language Toolkit) 中的贝叶斯分类器进行分类。NLTK 是用于处理自然语言的 Python 应用开源平台，它提供了很多文本处理库，可以用来给文本分类，进行符号化，提取词根，贴标签，解析，进行语义推理等。本例参考博客 http://www.cnblogs.com/zuixime0515/p/9221156.html 和 #https://blog.csdn.net/qq_18495537/article/details/79110122。

```python
import jieba
from nltk.classify import NaiveBayesClassifier
import jieba.posseg
import jieba.analyse
# 创建停用词列表
def stopwordslist():
    stopwords = [line.strip() for line in
open('chinsesstoptxt.txt').readlines()]
    return stopwords
# 对句子进行中文分词
def seg_depart(sentence):
    # 对文档中的每一行进行中文分词
    #print(" 正在分词 ")
    sentence_depart = jieba.cut(sentence.strip())
    # 创建一个停用词列表
    stopwords = stopwordslist()
    # 输出结果为 outstr
    outstr = ''
    # 去停用词
```

```
        for word in sentence_depart:
            if word not in stopwords:
                if word != '\t'and '\r':
                    outstr += word
                    outstr += " "
    return outstr
# 给出文档路径
# 需要提前把李白的诗收集一下，放在 libai.txt 文本中
# 需要提前把杜甫的诗收集一下，放在 dufu.txt 文本中
filename1 = "libai.txt"
inputs1 = open(filename1, 'r')
filename2 = "dufu.txt"
inputs2 = open(filename2, 'r')


#print("-------------------- 正在分词和去停用词 -----------")
# 将输出结果写入 libaiout.txt 中
lboutstr = ''
for line in inputs1:
    line_seg1 = seg_depart(line)
    lboutstr += line_seg1
    lboutstr += " "
inputs1.close()
print(" 删除停用词和分词成功！！！ ")


#print("-------------------- 正在分词和去停用词 -----------")
# 将输出结果写入 dufuout.txt 中
dfoutstr = ''
for line in inputs2:
```

```
        line_seg2 = seg_depart(line)
        dfoutstr += line_seg2
        dfoutstr += " "
    inputs2.close()
    print("删除停用词和分词成功！！！")


    # 数据准备
    libai = lboutstr
    dufu = dfoutstr
    # 特征提取
    def word_feats(words):
        return dict([(word, True) for word in words])


    libai_features = [(word_feats(lb), 'lb') for lb in
    libai]
    print(libai_features)
    dufu_features = [(word_feats(df), 'df') for df in
    dufu]
    train_set = libai_features + dufu_features
    # 训练决策
    classifier = NaiveBayesClassifier.train(train_set)
    # 分析测试
    sentence = input("请输入一句你喜欢的诗：")
    print("\n")
    seg_list = jieba.cut(sentence)
    result = " ".join(seg_list)
    words = result.split(" ")
```

```
print(words)
# 统计结果
lb = 0
df = 0
for word in words:
    classResult = classifier.classify(word_feats(word))
    if classResult == 'lb':
        lb = lb + 1
    if classResult == 'df':
        df = df + 1
# 呈现比例
x = float(str(float(lb) / len(words)))
y = float(str(float(df) / len(words)))
print('李白的可能性:%.2f%%' % (x * 100))
print('杜甫的可能性:%.2f%%' % (y * 100))
##
```

运行结果：

请输入一句你喜欢的诗：床前明月光

['床前', '明月光']
李白的可能性：100.00%
杜甫的可能性：0.00%

请输入一句你喜欢的诗：无边落木萧萧下

['无边', '落木', '萧萧', '下']
李白的可能性：50.00%
杜甫的可能性：50.00%

可以看出，该程序可以完成基本的判断，但是由于采用词的出现概率来判断，因此准确率还有待提高。

自动问答系统

这里采用 Python 自带的基于机器学习的语音对话引擎 ChatterBot，我们可以采用它自带的训练库进行对话训练，也可以自己写入新的训练集帮助它学习对话。ChatterBot 独特的语言设计可以使它通过训练来用任何一种语言进行对话。该项目的开源代码链接：https://github.com/gunthercox/ChatterBot。

首先我们使用自己建立的训练集来训练小机器人，使用 ListTrainer 可以把训练的对话语料直接放到代码里。

```
from chatterbot import ChatBot
from chatterbot.trainers import ListTrainer # 采用自己建立语料库的方式
my_bot = ChatBot(" 小 C") # 建立一个小机器人
my_bot.set_trainer(ListTrainer)# 使用 ListTrainer 训练 my_bot
# 调用 train() 函数，离别参数为对话方式，注意用逗号分隔问答
my_bot.train([
    " 你叫什么名字？",
    " 我叫小 C。",
    " 你多大了？",
    " 我还很年轻",
    " 你喜欢美食么？",
```

```
        " 我喜欢宫保鸡丁。你呢？ ",
        " 我喜欢冰激凌 ",
        " 啊，太凉了，吃多了肚子会疼的 ",
    ])
while True:
print(my_bot.get_response(input("user:")))
```

下面正式开始聊天。其中 user 表示用户，前方无标注的为机器人，测试的结果如下。

```
=================== RESTART: D:/new_book/example9-chat1.py ===================
List Trainer: [##                 ] 12%List Trainer: [#####            ] 25%
List Trainer: [########           ] 38%List Trainer: [##########       ] 50%
List Trainer: [############       ] 62%List Trainer: [###############  ] 75%
List Trainer: [################   ] 88%List Trainer: [#################] 100
%
user:你好
你好
user:你叫什么名字？
我叫小C。
user:你几岁了？
我还年轻
user:你喜欢吃什么？
我喜欢牛肉
user:你喜欢美食么？
我喜欢宫保鸡丁。你呢？
user:
=================== RESTART: D:/new_book/example9-chat1.py ===================
List Trainer: [##                 ] 12%List Trainer: [#####            ] 25%
List Trainer: [########           ] 38%List Trainer: [##########       ] 50%
List Trainer: [############       ] 62%List Trainer: [###############  ] 75%
List Trainer: [################   ] 88%List Trainer: [#################] 100
%
user:名字？
我叫小C。
user:多大？
我还很年轻
user:美食？
我喜欢宫保鸡丁。你呢？
user:酱牛肉
你喜欢玩游戏么？
user:不喜欢
太棒了，找个时间我们一起去周游世界吧！
user:好
你好
user:
```

可以看出，对于训练过的语料以及相似的语料，小 C 都可以做出比较好的回答，但是如果超出了语料范围，小 C 就开始答非所问了。大家可以尝试一下这个程序，写入自己的语料库。

也可以采用中文语料库 ChatterBotCorpusTrainer 进行训练，这个训练时间会比较长，测试代码如下。

```python
from chatterbot import ChatBot
from chatterbot.trainers import ChatterBot
CorpusTrainer
chatbot = ChatBot("全能小C")
chatbot.set_trainer(ChatterBotCorpusTrainer)
chatbot.train("chatterbot.corpus.chinese")
lineCounter = 1
# 开始对话
while True:
    print(chatbot.get_response(input("(" + str
(lineCounter) + ") user:")))
    lineCounter += 1
```

可以看出，在训练过程中使用了多个领域的语料库，包括打招呼（greeting）、情感（emotion）、食物（food）等，而且小 C 会把前面学到的内容和交互过的内容存入学习库中。

```
ce.yml Training: [####################] 100%
sports.yml Training: [#                    ] 5%sports.yml Training: [##
      ] 11%sports.yml Training: [###          ] 16%sports.yml Training
: [####        ] 21%sports.yml Training: [#####        ] 26%spor
ts.yml Training: [######       ] 32%sports.yml Training: [#######
      ] 37%sports.yml Training: [########        ] 42%sports.yml Training: [
#########      ] 47%sports.yml Training: [##########       ] 53%sports.
yml Training: [###########      ] 58%sports.yml Training: [############
    ] 63%sports.yml Training: [#############     ] 68%sports.yml Training: [###
###########      ] 74%sports.yml Training: [###############    ] 79%sports.yml
Training: [################   ] 84%sports.yml Training: [#################  ]
89%sports.yml Training: [################## ] 95%sports.yml Training: [######
##############] 100%
trivia.yml Training: [##                   ] 10%trivia.yml Training: [####
     ] 20%trivia.yml Training: [######        ] 30%trivia.yml Trainin
g: [########      ] 40%trivia.yml Training: [##########       ] 50%tri
via.yml Training: [###########      ] 60%trivia.yml Training: [#############
#     ] 70%trivia.yml Training: [###############    ] 80%trivia.yml Training:
[#################  ] 90%trivia.yml Training: [###################] 100%
(1) user:你叫什么名字?
我叫小C。
```

（2）user：你多大了？
我还很年轻
（3）user：你喜欢什么运动？
我喜欢牛肉
（4）user：你喜欢滑雪么？
我喜欢宫保鸡丁。你呢？
（5）user：你去上学么
你讨厌。
（6）user：你在做什么
我在烤蛋糕.

但是，由于这个开源库中的语料库资源过少，也不能主动上网查询，因此很多问题它还是答非所问，要想使它能够做到回答和提问基本吻合，还需要做大量的工作。

本章小结

本章介绍了语音识别和文本分析的基本思路，读者需重点了解如何对语音进行特征提取和建立语音模型，如何采用 Python 程序调动系统自带的语音识别引擎工作；了解基于文本分词的自然语言统计和理解，以及相应 Python 程序的实现。

本章习题

❖尝试调用系统自带的语音 API，实现语音合成和语音识别。

❖尝试进行文本分析，判断不同作者的作品。

❖尝试建立自己的聊天语料库来训练小机器人。

第十章

智慧大脑
——优化决策

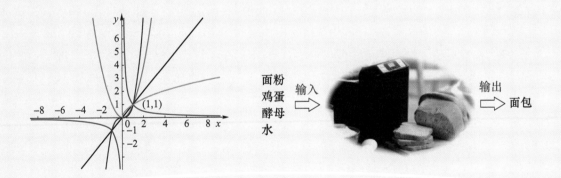

面粉 输入 输出
鸡蛋 面包
酵母
水

前面的章节介绍了人工智能在基于数据的信息挖掘、图像识别和自然语言处理中的初步应用，这一章我们将介绍人工智能在优化与决策中的进一步应用。在我们的生活中，经常需要在众多的方案中选择出最好的，例如，规划快递送包裹的路径，下棋选择走哪一步，选哪个商品性价比最高，等等，这些都属于优化的范畴。本章将介绍人工智能解决函数极值优化问题、旅行商路径规划以及人工智能在游戏中的初步应用。

第一节
Section 1

基于遗传算法的函数极值求解

▶ 函数优化

对于一个函数 $y=f(x)$，当 x 在一定范围内取值时，函数可能存在最大值或者最小值，如下图所示的两个单变量函数，存在最小值，求取最小值的过程就是函数优化。

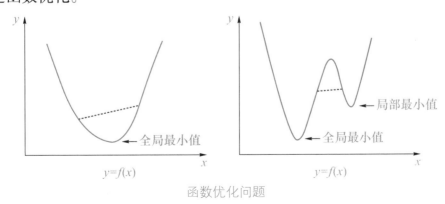

函数优化问题

传统的函数优化算法往往基于微积分进行求解，而启发式算法则另辟蹊径，它往往从一群初始解出发，通过对这些解周围的解空间不断地进行探索，从而找到更好的解，直到再也找不到更好的解为止。下面我们将使用一种常用的人工智能算法——遗传算法——对函数优化问题进行求解。

▶ 遗传算法的基本原理

大自然在漫长的历史中留下了那些能够适应环境的物种，这种进化方式被人工智能借鉴来建立优化算法，其中应用比较广泛的一种进化算法就是遗传算法。遗传算法基于达尔文的进化论，模拟了自然选择，即物竞天择、适者生存，将染色体设计为与问题的解相对应，通过染色体 N 代的遗传、变异、交叉、复制，进化出问题的最优解。

假设有这样一个数学问题：$y=(x-8)^2-1$，当 x 在 [10，30] 取整数时，求取 y 的最小值。

与传统数学方法不同，遗传算法等进化算法的方式是生成一些随机解（种群），测试这些种群中每个染色体（对应一个解）的适应度（求取相应的 y 值，越小/大适应度越高），遗传算法进而对这些随机解进行一系列的操作。

例如，解采用二进制进行编码（1 与 0 的数字串，一个串对应一个染色体，每一位都对应一个基因），新的解复制旧有的好的解并保留下来（选择复制），解与解之间进行部分位的交换（交叉），解的某些位发生变化（变异），这样经过一代又一代的进化，保留那些适应度高的解。

比如，在上面的例子中，我们把解编码为一个 6 位的二进制串，如 010001，表示 17（$0\times2^5+1\times2^4+0\times2^3+0\times2^2+0\times2^1+1\times2^0=17$）。一共生成 4 组解（种群数为 4），经过计算适应度，保留前 4 组解，这 4 组解复制后进行交叉（部分位进行交换），例如 000000 与 111111 从中间进行切割交换，成为 111000 与 000111，然后再经过小概率的变异，例如 000111 的最后一位发生变异，成为 001110。

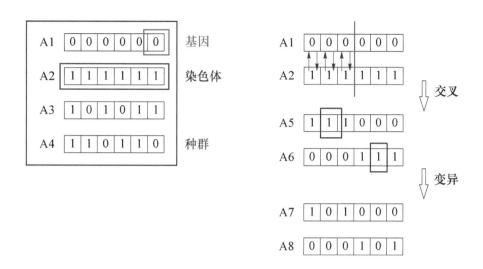

遗传算法的基本原理

一个完整的遗传算法的流程图如下。

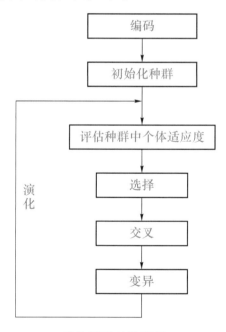

遗传算法的流程图

编码就是将问题的解变成一个基因串（染色体），然后评估多个基因串的适应度，即代入相应的适应度函数，计算适应度值，这个适应度函数一般与所求问题相关，将优化问题转为适应度函数，优化问题的解就是最优的染色体。初始解产生后就进入选择、交叉和变异阶段。一般来说，为了在进化过程中能够不断地获得较好的解，每次选择时都会保留下那些适应度值较高的个体（例如前 10% 或 20%），下一代的新个体可以直接复制这些好的个体，而被淘汰的个体空下的位置将通过好的个体之间进行交叉或者个体变异来获得补充。在选择时一般也并非直接选择适应度好的个体，而是通过一定概率进行选择，只是这个概率与个体的适应度相关，适应度越高，被选中的概率就越高，这就是常用的轮盘赌算法。变异指修改个别基因，与自然界的变异相同，这个操作一般仅对个别个体或者少量位置的基因进行改变，这既保证了当前个体的优势，也增加了个体的多样性，提高了搜索到全局最优解的可能性。

▶ 基于 GAFT 的函数最优值寻找

这里采用 https://github.com/PytLab/gaft 中上传的遗传算法库和例子来说明这类具有自我进化功能的人工智能如何解决问题。在 GAFT 中，设计者把固定的遗传算子、适应度函数写成接口，方便后续自定义算符和定制适应度函数。

下面就以一个一维函数作为例子，来使用 GAFT 对目标函数进行优化。

求 $f(x)=x+10\sin(5x)+7\cos(4x)$ 的极大值，x 的取值范围为 $[0,10]$。

找到函数 $f(x)=x+10\sin(5x)+7\cos(4x)$ 的最大值。

```
----------------------part 1 导入相关类 ----------------------

from math import sin, cos
# 导入种群和内置算子相关类
from gaft import GAEngine
from gaft.components import BinaryIndividual
from gaft.components import Population
from gaft.operators import TournamentSelection
from gaft.operators import UniformCrossover
```

```
from gaft.operators import FlipBitMutation
```

\# 用于编写分析插件的接口类

```
from gaft.plugin_interfaces.analysis import
OnTheFlyAnalysis
```

\# 内置的存档适应度函数的分析类

```
from gaft.analysis.fitness_store import FitnessStore
```

------------------part 2 遗传算法的设置 ------------------

\# 定义种群

```
indv_template = BinaryIndividual(ranges=[(0, 10)],
eps=0.001)# 范围 [0, 10]
population = Population(indv_template=indv_template,
size=30).init()# 种群数为 30
```

\# 创建遗传算子

```
selection = TournamentSelection()  # 选择
crossover = UniformCrossover(pc=0.8, pe=0.5)# 交叉
mutation = FlipBitMutation(pm=0.1)# 变异
```

\# 创建遗传算法引擎，分析插件和适应度函数可以参数的形式传入引擎中

```
engine = GAEngine(population=population,
selection=selection, crossover=crossover, mutation=mutation, analysis=[FitnessStore])
```

------------------part 3 适应度函数的设置 ------------------

\# 定义适应度函数，可以通过修饰符 @ 的方式将适应度函数注册到引擎中
\# 修饰符带的那个函数的入口参数 engine.fitness_register 就是
下面的那个整个的函数 fitness

```
@engine.fitness_register
def fitness(indv):
```

```
    x, = indv.solution
    return x + 10*sin(5*x) + 7*cos(4*x)
```

----------------part 4 调用遗传算法进行优化 ----------------

```
if '__main__' == __name__:
#Run the GA engine.
engine.run(ng=100)  #ng 为进化的代数
```

```
# 绘制函数本身的曲线和使用遗传算法得到的进化曲线
from math import sin, cos
import numpy as np
import matplotlib.pyplot as plt
from best_fit import best_fit

steps, variants, fits = list(zip(*best_fit))
best_step, best_v, best_f = steps[-1], variants[-1]
[0], fits[-1]

fig = plt.figure()

ax = fig.add_subplot(211)
f = lambda x: x + 10*sin(5*x) + 7*cos(4*x)
x = np.linspace(0, 10, 1000)
y = [f(i) for i in x]
ax.plot(x, y)
ax.scatter([best_v], [best_f], facecolor='r')
ax.set_xlabel('x')
ax.set_ylabel('y')
```

```
ax = fig.add_subplot(212)
ax.plot(steps, fits)
ax.set_xlabel('Generation')
ax.set_ylabel('Fitness')

# 画出最优值
ax.scatter([best_step], [best_f], facecolor='r')
ax.annotate(s='x: {:.2f}\ny:{:.2f}'.format(best_v,
best_f),xy=(best_step, best_f),xytext=(best_step-0.3,
best_f-0.3))
plt.show()
```

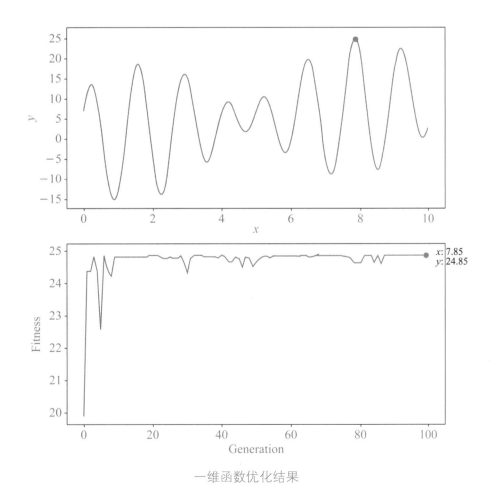

一维函数优化结果

旅行商问题求解

▶▶ 旅行商问题描述

旅行商问题（Travelling Salesman Problem, TSP）是：一个商品推销员要去若干个城市推销商品，该推销员从一个城市出发，需要经过所有城市后，回到出发地。应如何选择行进路线，以使总的行程最短？

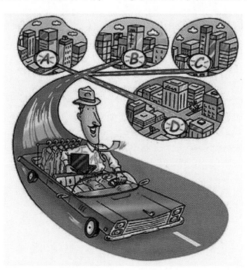

旅行商问题

旅行商问题的可行解是所有顶点的全排列，随着顶点数的增加，旅行商问题会产生组合爆炸，它是一个 NP 完全问题，在运筹学和理论计算机科学中非常重要，在交通运输、电路板线路设计以及物流配送等领域有着广泛的应用。最早的旅行商问题的数学规划是由 Dantzig（1959 年）等人提出的，并且他们在最优化领域中进行了深入研究。许多优化方法都用它作为一个测试基准。尽管问题在计算上很困难，但已经有了大量的启发式算法和精确算法来求解数量上万的实例，并且能将误差控制在 1% 以内。

早期的研究者使用精确算法求解旅行商问题，常用的算法包括分支定界法、线性规划法、动态规划法等。但是，随着问题规模的增大，精确算法将变得无能为力，因此，在后来的研究中，国内外学者重点使用近似算法或启发式算法，主要有遗传算法、模拟退火算法、蚁群算法、禁忌搜索算法、贪婪算法和神经网络等。

▶▶ 基于模拟退火算法的旅行商问题求解

我们在前面的例子中曾经提过贪心算法。如果把寻找最优值看作下山找到最低处的过程，贪心算法就是朝着海拔下降的方向行进，这有可能陷入一个并不是最低点的山谷（局部最优值），如下图所示。

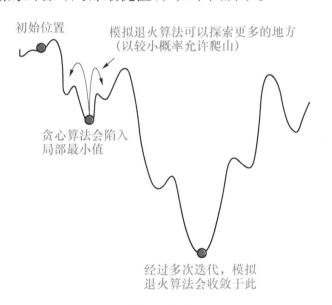

算法搜索过程

模拟退火算法允许在搜索过程中，以一定的概率进入海拔更高的地方，这样反而有更多的可能性找到真正的低点。模拟退火算法来源于固体退火原理，将固体加到高温，然后徐徐冷却，加温时固体内部粒子随温度的升高变为无序状，内能增大，而冷却时粒子渐趋有序，在每个温度都达到平衡态，最后在常温时达到基态，内能减为最小。根据 Metropolis 准则，粒子在温度为 T 时趋于平衡的概率为 $e(-\Delta E/(kT))$，其中 E 为温度为 T 时的内能，ΔE 为其改变量，k 为玻尔兹曼（Boltzmann）常数。

如何将上述过程转成一个可以利用的算法？可以看到，在退火过程中，随着内能的减少，当量最少时，粒子趋于平衡，达到某个稳态。如果这个内能对应需要优化的目标函数值，且是求最小值，则当两个解对应的目标函数值的差很小时，可以说进入了某个谷底，为了避免进入局部的谷底，新解的接受与否并不仅取决于目标函数值的差，而是以一定的概率来确定。模拟退火算法的流程如下。

① 初始化：初始温度为 T(充分大)，温度下限为 $T_{\min}$（充分小），初始解状态为 S(是算法迭代的起点)，每个 T 值的迭代次数都为 L。

② 对 $k=1,\cdots,L$ 做第③至第⑥步。

③ 产生新解 S'。

④ 计算增量 $\Delta E=C(S')-C(S)$，其中 $C(S)$ 为评价函数。

⑤ 根据 Metropolis 准则确定是否接受新解：若 $\Delta E<0$ 则接受 S'作为新的当前解，否则以概率 $\exp(-\Delta E/T)$ 接受 S'作为新的当前解。

⑥ 如果满足终止条件（例如连续若干个新解都没有被接受），则输出当前解作为最优解，结束程序。

⑦ T 逐渐减小，且 $T>T_{\min}$，然后转第②步。当 $T \leqslant T_{\min}$ 时，结束程序。

下面我们利用模拟退火算法对 TSP 问题进行求解，本程序参考 https://ericphanson.com/blog/2016/the-traveling-salesman-and-10-lines-of-python/。

-------------------part 1 导入相应的库 --------------------

```
import random, numpy, math, copy, matplotlib.pyplot
as plt
```

-------------------- part 2 生成初始数据 --------------------

```
# 随机生成 15 个城市
```

```
cities = [random.sample(range(100), 2) for x in
range(15)];
```

生成一个旅行路径 tour, 即城市号的组合

```
tour = random.sample(range(15),15);
```

------------------ part 3 调用模拟退火算法 ------------------

生成参数 temperature, 取值范围为 10^1~10^5, 即 [1,100 000], 一共有 100 000 个数

```
for temperature in numpy.logspace(0,5,num=100000)
[::-1]:
```

在 15 个数中任意选择两个位置

```
[i,j] = sorted(random.sample(range(15),2));
```

对原有路径 tour 中的 i,j 位置（计数从 0 开始）的城市进行调换，形成新的路径

```
newTour = tour[:i] + tour[j:j+1] +tour[i+1:j] +
tour[i:i+1] + tour[j+1:];
```

计算旧路径中会改变部分的路径长度，即 tour 中 i — 1 到 i+1, j — 1 到 j+1 之间的距离

```
oldDistances=sum([ math.sqrt(sum([(cities[tour[(k+1) %
           15]][d] - cities[tour[k % 15]][d])**2
       for d in [0,1] ])) for k in [j,j-1,i,i-1]])
```

计算新路径中改变部分的路径长度

```
newDistances=sum([ math.sqrt(sum([(cities[newTour[(k+1)
% 15]][d] - cities[newTour[k % 15]][d])**2 for d in [0,1] ]))
   for k in [j,j-1,i,i-1]])
```

计算模拟退火算法中的能量变化（此处为路径长度的变化），当大于某个随机概率时，接受新的路径，新路径长度越短，被接受的概率就越大

```
if math.exp( ( oldDistances - newDistances) /
```

```
temperature) > random.random():
    tour = copy.copy(newTour);
```

```
----------------------- part 4 画图 -----------------------
    plt.plot([cities[tour[i % 15]][0] for i in
range(16)], [cities[tour[i % 15]][1] for i in
range(16)], 'xb-');
    plt.show()
```

下面对以上程序中的重要部分进行解读。

假定有 15 个城市，这里的目标是列出一个"城市"列表，每个城市都包含两个坐标。

用语句"cities = [random.sample(range(100), 2) for x in range(15)]"生成 15 组城市的坐标，例如 [[76, 70], [7, 94], [33, 17], [34, 45], [34, 13], [62, 2], [52, 62], [19, 58], [60, 81], [34, 30], [60, 84], [95, 65], [58, 74], [34, 15], [98, 70]]。

再给这些城市进行编码，利用语句"tour = random.sample(range(15),15)"生成一个列表变量 tour，包含 15 个城市的编号，例如 [11, 5, 4, 13, 2, 9, 3, 7, 1, 10, 8, 12, 6, 0, 14] 表示从城市 11 到城市 5，以此类推。

如果要生成新的旅行路径 newTour，这里采用在原有路径 tour 上进行城市置换。假如此时 i=2，j=9，则新的路线"newTour =tour[:i] + tour[j:j+1] + tour[i+1:j] + tour[i:i+1] + tour[j+1:]"实际上是将旧路线中的第 3 和第 10 个城市进行了互换，如下图所示。

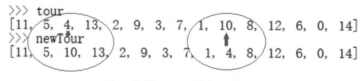

第 3 和第 10 个城市互换

因此，在计算路径差时，只需要计算上图圆圈处的路径差，其他部分都是一样的。这就是 oldDistances 和 newDistances 计算公式中所呈现的部分。

这样就可以得到优化后的路径，如下图所示。

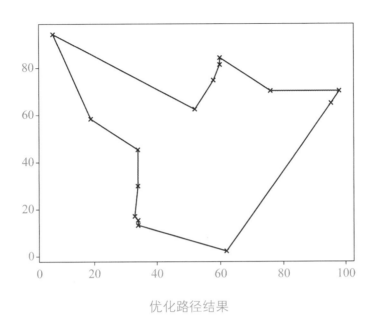

优化路径结果

第
三
节

Section 3

人工智能在游戏中的应用

"人生如棋，走一步看一步是庸者，走一步算三步是常者，走一步定十步是智者。"不管是在生活中，还是在游戏中，我们很多时候都需要对下一步做出决策，如果能够充分地考虑未来可能发生的情况而早做打算，在未来成功的可能性就会提高。在对抗类的游戏中，例如五子棋、象棋等，一般由两个游戏者轮流进行，每次执行一个步骤。我们或计算机在走每一步的时候，通常会对这一步做出评估，比如，令对方当前的优势最小化，或令自己当前的优势最大化，或者多考虑三步、五步，比如对方可能如何走下一步，这一步对未来几步有什么影响。

▶ 极大极小值算法和负极大值算法的基本思想

下棋就是一个博弈的过程，如果我们要赋予机器智能，需要给它设计一种博弈的算法。这里介绍一种常用的极大极小值算法（又名 MiniMax 算法）以及与之相关的负极大值算法。

MiniMax 算法是一种找出失败的最大可能性中的最小值的算法，是基于搜索的博弈算法。该算法是一种零总和算法，即一方要在可选的选项中选择将其优势最大化的方法，而另一方则选择令对手优势最小化的方法。该算法的策略本质上使用的是深度搜索策略，所以一般可以使用递归的方法来实现。在搜索过程中，在对本方有利的搜索点上应该取极大值，而在对本方不利的搜索点上应该取极小值（主要是指计算机方）。极小值和极大值都是相对而言的。在搜索过程中需要合理地控制搜索深度，搜索的深度越深，效率越低，但是一般来说，走法越好。

我们知道，常用的博弈算法都是基于搜索的博弈算法，所有可能的下棋步骤构成一棵树的结构，根据树的结构可以对局面进行价值评估。极大极小值算法是这样做的（假设现在要为红方选择最佳走法）：如果当前局面是红方的局面，那么就选择最大值 (Value=RedValue — BlackValue)，如果当前是黑方走后形成的局面，那么就选择最小值 (Value=BlackValue — RedValue)，也就是最小化红方的利益，其实就是最大化黑方的利益。

负极大值（Negamax）算法是根据 MiniMax 算法得来的。在负极大值形式的搜索中，一个局面对红方的优势为 X，那么对于黑方的优势就是 $-X$；一个局面对红方的优势为 $-X$，那么对黑方的优势就是 X。在负极大值算法中，没有极小点，只有极大点。需要注意的是，局面对一方的优势转化为对另一方的优势时，需要加负号。局面估计区间是一个关于 0 点对称的区间：$[-MaxValue, MaxValue]$。需要注意的是，为了能使负极大值算法得到正确的评价，必须修改局面并评估函数的返回值，在极大极小值算法中返回的始终是红方的优势，现在要改为当前走棋方的优势。

下面以 Tic-Tac-Toe（中文称为井字棋，即两人轮流在井字棋盘的方格内画 × 或 ○，谁先将画过的 3 个方格连成一条直线或对角线，谁就胜利）游戏为例，简单说明搜索策略的使用。

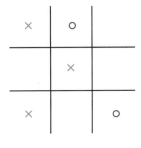

井字棋

下图表示了 Tic-Tac-Toe 游戏的前两步所有可能的步骤。

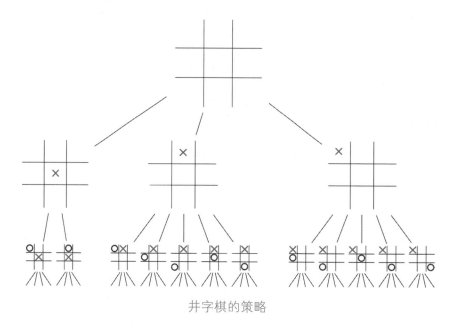

井字棋的策略

上图中第 0 层为空棋盘，第 1 层是 × 方所有可能的步骤，第 2 层是 ○ 方所有可能的步骤。在第 1 层，× 方需要选择使其优势最大的步骤，而在第 2 层，○ 方则需要选择使 × 方优势最小（即己方优势最大）的步骤。

MiniMax 算法的含义就是极小化对手的最大利益，在上图中，在第 2 层 ○ 方一定会选择使自己优势最大的步骤，而对于 × 方，需要做的就是选择 ○ 方优势最大步骤中的极小值。负极大值算法始终是对本方优势最大化，使对方负优势最大化，这样在搜索时代码更加简洁。

▶▶ 基于负极大值算法的 Tic-Tac-Toe 游戏的实现

我们基于常用的 Python 游戏库 easyAI 来实现一个简单的井字棋游戏。easyAI 是一个纯 Python 人工智能框架，用于两人抽象游戏，如 Tic-Tac-Toe、Connect 4、Reversi 等。它使定义游戏机制、与计算机对抗或给出游戏解法变得容易。在 easyAI 中主要采用带剪枝和换位表的 Negamax 算法。本程序参考 https://www.tutorialspoint.com/artificial_intelligence_with_python/artificial_intelligence_with_python_gaming.htm 的相关内容。根据该游戏的特点，设计的游戏程序应包括的内容见下图。

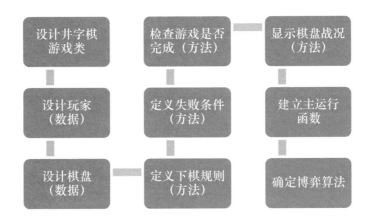

井字棋 Python 程序设计流程

```
# 从 easyAI 中导入相关类
from easyAI import TwoPlayersGame, AI_Player,
Negamax
from easyAI.Player import Human_Player
# 创建 TicTacToe_ game 类，它继承于 TwoPlayersGame 类
class TicTacToe_ game(TwoPlayersGame):
# 定义初始化函数，定义游戏玩家 players，定义棋盘 board
  def _ init_(self, players):
     self.players = players
     self.nplayer = 1
# 定义棋盘 board 为一个 9×9 的方阵，初始化为 0
     self.board = [0] * 9
# 定义可能的移动
def possible_moves(self):
     return [x + 1 for x, y in enumerate(self.board) if y == 0]
# 定义玩家的移动
def make_move(self, move):
     self.board[int(move) - 1] = self.nplayer
```

```python
# 启动AI，定义玩家何时移动
def umake_move(self, move):
    self.board[int(move) - 1] = 0
# 定义失败条件，即对手有3个棋子在一条直线上
def condition_for_lose(self):
    possible_combinations = [[1,2,3], [4,5,6],
[7,8,9],[1,4,7], [2,5,8], [3,6,9], [1,5,9], [3,5,7]]
    return any([all([(self.board[z-1] == self.
nopponent) for z in combination]) for combination in
possible_combinations])
# 定义函数，检查是否完成游戏
def is_over(self):
    return (self.possible_moves() == []) or self.
condition_for_lose()
# 显示当前游戏状态
def show(self):
    print('\n'+'\n'.join([' '.join([['.', 'O', 'X']
[self.board[3*j + i]] for i in range(3)]) for j in
range(3)]))
# 计算分值
def scoring(self):
    return -100 if self.condition_for_lose() else 0
# 主程序，设置算法为Negamax以及搜索深度
if _name_ == "_main_":
    algo = Negamax(7)
    TicTacToe_game([Human_Player(), AI_Player(algo)]).
play()
```

可以看到运行结果为：

```
...
...
...
Player 1 what do you play ? 1
Move #1: player 1 plays 1 :
O..
...
...
Move #2: player 2 plays 5 :
O..
.X.
...
Player 1 what do you play ? 3
Move #3: player 1 plays 3 :
O.O
.X.
...
Move #4: player 2 plays 2 :
O X O
.X.
...
Player 1 what do you play ? 4
Move #5: player 1 plays 4 :
O X O
O X.
...
Move #6: player 2 plays 8 :
```

```
O X O
O X.
.X.
```

本章小结

　　本章介绍了如何利用人工智能解决优化与决策问题，例如求函数的最优值、旅行商路径规划问题、下棋等。在这些人工智能算法中，重要的是如何将一个问题转换为算法可以表达的方式。在编写Python程序时，可以调用相关软件包来完成。

本章习题

　❯ 请选择一个函数，求取它的最大值或者最小值。

　❯ 生成若干城市，推销员从一个城市出发，经过所有城市后回到原地，看看怎样走最近。

　❯ 运行井字棋的程序，和计算机进行对弈。

后　记

在中小学阶段学习人工智能（AI）课程，通过编程实践可以加深对 AI 理论知识的理解，增强学生的实践能力。如何将编程语言和 AI 理论知识有机结合？如何对课程进行定位？这些仍是"在中小学阶段设置人工智能相关课程"的实践中需要研究探索的内容。

本系列丛书中的《人工智能》(上下册)尝试从新的视角和方式来普及 AI 理论知识，而本书（上下册）作为 AI 理论配套的编程实践教材，尝试用生活化的语言、青少年易于理解的实例来解读 Python 编程语言（上册）以及剖析如何用 Python 语言编程实现典型的 AI 方法（下册），帮助青少年打破学习 AI 知识的壁垒。

"少年强则国强"，中小学人工智能教育是普及人工智能教育的重要环节，作为其重要载体的教材的编写则需要中小学教育领域、人工智能科研领域以及人工智能产业领域诸多工作者的共同努力。作为一名人工智能领域的教育和科技工作者，我深感有责任和义务为 AI 的普及尽一份绵薄之力，这正是尝试编写本书的初衷。

在本书的编写过程中，作者参阅了大量的中小学读物和教材，并结合了作者的高校教学经验，征询了青少年读者的建议，在选取实例和语言表达中试图贴近该年龄段学生的特点和接受力。尽管如此，仍觉言不尽意，望作抛砖引玉之用。

　　本书的定位为中学版教材，各学校可根据师资条件和课程计划安排在初中阶段或高中阶段开始学习。

　　本书中的图片部分源于网络转载，找到出处的均在书中予以标注，部分图片无法找到原始出处，在此一并向原作者致以诚挚的谢意！

作　　者

于 2019 年 7 月